■ 宁波植物丛书 ■

丛书主编　李根有　陈征海　李修鹏

宁波植物图鉴

第一卷

马丹丹　吴家森 等　编著

科学出版社

北京

内 容 简 介

本卷记载了宁波地区野生和习见栽培的蕨类植物39科77属160种8变种，裸子植物9科28属42种6变种1杂交种16品种，被子植物（木麻黄科—苋科）20科73属203种3亚种29变种1杂交种5变型8品种，每种植物均配有特征图片，同时有中文名、拉丁学名、科名、形态特征、生境与分布、主要用途等文字说明。

本书可供从事生物多样性保护，植物资源开发利用，林业、园林、生态、环保等工作的专业人员及植物爱好者参考。

图书在版编目（CIP）数据

宁波植物图鉴. 第一卷／马丹丹等编著. —北京：科学出版社, 2018.6
（宁波植物丛书）
ISBN 978-7-03-057580-7

Ⅰ.①宁…　Ⅱ.①马…　Ⅲ.①植物–宁波–图集　Ⅳ.①Q948.525.53-64

中国版本图书馆CIP数据核字（2018）第117722号

责任编辑：张会格　白　雪／责任校对：郑金红
责任印制：肖　兴／书籍设计：北京美光设计制版有限公司

科学出版社 出版
北京东黄城根北街16号
邮政编码：100717
http://www.sciencep.com

北京汇瑞嘉合文化发展有限公司 印刷
科学出版社发行　各地新华书店经销
*
2018年6月第　一　版　　开本：889×1194　1/16
2018年6月第一次印刷　　印张：26
字数：814 000

定价：368.00元

（如有印装质量问题，我社负责调换）

《宁波植物丛书》编委会

主要外业调查人员

综合组（全市）：李根有（组长）　李修鹏　章建红　林海伦　陈煜初　傅晓强

浙江省森林资源监测中心组（滨海及四明山区域为主）：陈征海（组长）　陈　锋　张芬耀　谢文远　朱振贤　宋　盛

第一组（象山、余姚）：马丹丹（组长）　吴家森　张幼法　杨紫峰　何立平　陈开超　沈立铭

第二组（宁海、北仑）：金水虎（组长）　冯家浩　何贤平　汪梅蓉　李宏辉

第三组（奉化、慈溪）：闫道良（组长）　夏国华　徐绍清　周和锋　陈云奇　应富华

第四组（鄞州、镇海、江北）：叶喜阳（组长）　钟泰林　袁冬明　严春风　赵　绮　徐　伟　何　容

其他参加调查人员

宁波市林业局等单位人员（以拼音为序）

柴春燕　蔡建明　陈芳平　陈荣锋　陈亚丹　崔广元　董建国　范国明　范林洁　房聪玲　冯灼华　葛民轩　顾国琪　顾贤可　何一波　洪丹丹　洪增米　胡聚群　华建荣　皇甫伟国　黄　杨　黄士文　黄伟军　江建华　江建平　江龙表　赖明慧　李东宾　李金朝　李璐芳　林　宁　林建勋　林乐静　林于倢　娄厚岳　陆志敏　毛国尧　苗国丽　钱志潮　邱宝财　裘贤龙　沈　颖　沈生初　汤社平　王利平　王立如　王良衍　王卫兵　汪科继　吴绍荣　向继云　肖玲亚　谢国权　熊小平　徐　敏　徐德云　徐明星　杨荣曦　杨媛媛　姚崇巍　姚凤鸣　伊靖少　尹　盼　余敏芬　余正安　俞雷民　曾余力　张　宁　张富杰　张冠生　张雷凡　郑云晓　周纪明　周新余　朱杰旦

浙江农林大学学生（以拼音为序）

柴晓娟　陈　岱　陈　斯　陈佳泽　陈建波　陈云奇　程　莹　代英超　戴金达　付张帅　龚科铭　郭玮龙　胡国伟　胡越锦　黄　仁　黄晓灯　江永斌　姜　楠　金梦园　库伟鹏　赖文敏　李朝会　李家辉　李智炫　郦　元　林亚茹　刘彬彬　刘建强　刘名香　马　凯　潘君祥　裴天宏　邱迷迷　任燕燕　邵于豪　盛千凌　史中正　苏　燕　童　亮　王　辉　王　杰　王俊荣　王丽敏　王肖婷　吴欢欢　吴建峰　吴林军　吴舒昂　徐菊芳　徐路遥　许济南　许平源　严彩霞　严恒辰　杨程瀚　俞狄虎　臧　毅　臧月梅　张　帆　张　青　张　通　张　伟　张　云　郑才富　朱　弘　朱　健　朱　康　竺恩栋

《宁波植物图鉴》（第一卷）编写组

主要编著者

马丹丹　吴家森　谢文远　张芬耀

编著者（以拼音为序）

陈丽春　傅晓强　库伟鹏　李修鹏　叶喜阳　张　青
张幼法　朱　健　竺恩栋

审　　稿

李根有　陈征海

摄　　影（按图片采用数量排序）

马丹丹　李根有　陈征海　谢文远　张芬耀　叶喜阳
李修鹏　林海伦　张幼法

主编单位

浙江农林大学暨阳学院　浙江农林大学　宁波市林业局
浙江省森林资源监测中心　宁波市林特科技推广中心

作者简介

马丹丹
高级实验师，硕士

马丹丹，女，1982年11月出生，河南洛宁人。2007年6月毕业于浙江林学院森林培育专业园林植物开发应用方向，长期从事植物分类及野生花卉的开发应用及研究工作。主持及参加科研项目共15项，其中3项浙江省自然科学基金；近年发表论文30余篇，其中4篇被SCI收录；参编著作10部，其中7部为副主编。曾以主要参与人获得浙江省水利科技创新奖二等奖1项，浙江省科学技术奖二等奖1项。

吴家森
教授级高级工程师，硕士生导师，博士

吴家森，男，1972年5月出生。先后学习了林业、经济管理、行政管理、土壤学、水土保持与荒漠化防治5个专业，分别获得农学硕、博士学位。主要从事森林植物与土壤研究，近年来承担浙江省自然科学基金和国家水专项子任务等科研项目10余项；在*Journal of Plant Nutrition*、*Canadian Journal of Soil Science*、*Soil Research*、《林业科学》、《土壤学报》、《生态学报》、《水土保持学报》等国内外学术期刊发表论文150余篇，参编专著和教材8部；申请发明专利8件，授权4件；获软件著作权登记4项。研究成果分别获得中国梁希林业科学技术奖一、二、三等奖及浙江省科学技术奖一、二、三等奖共9项；获浙江省教学成果奖一、二等奖各1项。

丛书序

植物是大自然中最无私的“生产者”，它不但为人类提供了粮油果蔬食品、竹木用材、茶饮药材、森林景观等有形的生产和生活资料，还通过光合作用、枝叶截留、叶面吸附、根系固持等方式，发挥着固碳释氧、涵养水源、保持水土、调节气候、滞尘降噪、康养保健等多种生态功能，为人类提供了不可或缺的无形生态产品，保障着人类的生存安全。可以说，植物是自然生态系统中最核心的绿色基石，是生物多样性和生态系统多样性的基础，是国家重要的基础战略资源，也是农林业生产力发展的基础性和战略性资源，直接制约着与人类生存息息相关的资源质量、环境质量、生态建设质量及生物经济时代的社会发展质量。

宁波地处我国东部沿海中腹，是河姆渡文化的发源地、我国副省级市、计划单列市、长三角南翼经济中心、东亚文化之都和世界第四大港口城市，拥有“国家历史文化名城”“中国文明城市”“中国最具幸福感城市”“中国综合改革试点城市”“中国院士之乡”“国家园林城市”“国家森林城市”等众多国家级名片。境内气候优越，地形复杂，地貌多样，为众多植物的孕育和生长提供了良好的自然条件。据资料记载，自 19 世纪以来，先后有 R. Fortune、W. M. Cooper、W. Hancock、E. Faber、H. Migo、张之铭、钟观光、秦仁昌、耿以礼、钟补求等众多国内外著名植物专家来宁波采集过植物标本，宁波有幸成为 70 余个植物物种的模式标本产地（不包括本次调查发现的新分类群）。但新中国成立后，很多人认为宁波人口密度高，森林开发早，干扰强度大，生境较单一，自然植被差，因此在主观上推断宁波的植物资源也必然贫乏，在调查工作中就极少关注宁波的植物资源，导致在本次调查之前，从未对宁波植物资源进行过一次全面、系统、深入的调查研究，《浙江植物志》中记载宁波有分布的原生植物还不到 1000 种，宁波境内究竟有多少种植物一直是个未知数。家底不清，资源不明，不但与宁波发达的经济地位极不相称，也严重制约了全市植物资源的保护与利用工作。

2012 年开始，在宁波市政府、宁波市财政局和各县（市、区）的大力支持下，宁波市林业局联合浙江农林大学、浙江省森林资源监测中心等单位，历经 6 年多的艰苦努力，首次对全市的植物资源开展了系统全面的调查与研究，查明全市共有野生、归化及露地常见栽培的维管束植物 214 科 1172 属 3257 种（含种下等级：258 变种、40 亚种、44 变型、201 品种），其中蕨类植物 39 科 79 属 191 种（含种下等级，下同），裸子植物 9 科 32 属 90 种，被子植物 166 科 1061 属 2976 种；野生植物 191 科 846 属 2183 种，栽培及归化植物 23 科 326 属 1074 种；调查发现了不少植物新分类群和省级以上地理分布新记录物种，调查成果向世人全面、清晰地展示了宁波境内植物种质资源的丰富度和特殊性。在此基础上，项目组精心编著了《宁波植物丛书》，对全市维管束植物资源的种类组成、区域分布、区系特征、资源保护与利用等方面进行了系统介绍，同时还专题介绍了宁波的珍稀植物和滨海植物。丛书内容丰富，图文并茂，是一套系统、全面展示我市植物资源风貌和调查研究进展的学术丛书，既具严谨的科学性，又有较强的科普性，丛书的出版，必将为我市植物资源的保护与利用提供重要的决策依据，并产生深远的影响。

值此《宁波植物丛书》成书出版之际，谨作此序以示祝贺，并借此对丛书全体编著者、外业调查者及所有为本项目提供技术指导、帮助人员的辛勤付出表示衷心感谢！

宁波市林业局局长 许斌

2018年5月25日

前 言

《宁波植物图鉴》是宁波植物资源调查研究工作的主要成果之一，由全体作者历经 6 年多编著而成。

本套图鉴科的排序，蕨类植物采用秦仁昌分类系统，裸子植物采用郑万钧分类系统，被子植物按照恩格勒分类系统。

各科首页页脚所标数字为该科在宁波有野生、栽培或归化的属、种及种下分类等级的数量。属与主种则按照拉丁学名的字母进行排序。

原生主种（含长期栽培的物种）的描述内容包括中名、别名、拉丁学名、属名、形态特征、地理分布与生境、主要用途、原色图片等；归化或引种主种的描述内容为中名、别名、拉丁学名、属名、主要形态特征、原产地、宁波分布区和生境（栽培的不写）、主要用途、原色图片等；为节省文字篇幅，选取部分与主种形态特征或分类地位相近的物种（包括种下分类群、同属或不同属植物）作为附种作简要描述。

市内分布区用“见于……”表示，省内分布区用“产于……”表示，省外分布区用“分布于……”表示，国外分布区用“……也有”表示。

本图鉴所指宁波的分布区域共分 10 个，具体包括：慈溪市（含杭州湾新区），余姚市（含宁波市林场四明山林区、仰天湖林区、黄海田林区、灵溪林区），镇海区（含宁波国家高新区甬江北岸区域），江北区，北仑区（含大榭开发区、梅山保税港区），鄞州区（2016 年行政区划调整之前的地理区域范围，含东钱湖旅游度假区、宁波市林场周公宅林区），奉化市（含宁波市林场商量岗林区），宁海县，象山县，市区（含 2016 年行政区域调整前的海曙区、江东区及宁波国家高新区甬江南岸区域）。

为方便读者查阅及避免混乱，书中植物的中文名原则上采用《浙江植物志》的叫法，别名则主要采用通用名、宁波或浙江代表性地方名及《中国植物志》、*Flora of China* 所采用的与《浙江植物志》不同的中名；拉丁学名主要依据 *Flora of China*、《中国植物志》等权威专著，同时经认真考证也采用了一些最新的文献资料。

本套图鉴共分五卷，各卷收录范围为：第一卷〔蕨类植物、裸子植物、被子植物（木麻黄科—苋科）〕、第二卷（紫茉莉科—豆科）、第三卷（酢浆草科—山茱萸科）、第四卷（山柳科—菊科）、第五卷（香蒲科—兰科）。每卷图鉴后面均附有本卷收录植物的中名（含别名）及拉丁学名索引。

本卷为《宁波植物图鉴》的第一卷，共收录植物 68 科 178 属 482 种（含种下等级，下同），占《宁波维管束植物名录》该部分总数的 88%；其中归化植物

9种，栽培植物94种；作为主种收录365种，作为附种收录117种。

本卷图鉴的顺利出版，既是卷编写人员集体劳动的结晶，更与项目组全体人员的共同努力密不可分。本书从外业调查到成书出版，先后得到了宁波市和各县（市、区）及乡镇（街道）林业部门、宁波市药品检验所主任中药师林海伦先生、杭州天景水生植物园主任陈煜初先生、上海辰山植物园朱鑫鑫博士等单位和个人的大力支持和指导，在此一并致以诚挚谢意！

由于编者水平有限，加上工作任务繁重、编撰时间较短，书中定有谬误之处，敬请读者不吝批评指正。

编著者

2018年3月

目 录

蕨类植物

石杉科 Huperziaceae*

001 蛇足石杉 蛇足草

学名 ***Huperzia serrata*** (Thunb.) Trev.　　属名 石杉属

形态特征　植株通常高 14~28cm。茎直立或下部平卧，常单一，或数回二叉分枝，顶端有时有芽孢。叶螺旋状排列，略呈 4 行；几无柄；椭圆状披针形，长 0.8~1.7cm，先端渐尖，短尖头，基部狭楔形，边缘有不规则的锯齿；中脉明显。孢子叶与营养叶同大、同形，3 裂缝，具穴状纹饰。孢子囊肾形。

生境与分布　见于余姚、北仑、鄞州、奉化、宁海、象山；生于阔叶林或针阔叶混交林下阴湿处。产于全省山区；分布于北达黑龙江，南到海南，西达西藏，东到沿海各省；亚洲其他地区、大洋洲和北美洲的古巴、墨西哥也有。

主要用途　浙江省重点保护野生植物。全草入药，有散瘀消肿、止血生肌、消炎解毒、麻醉镇痛的功效。

* 本科宁波有 1 属 1 种。

石松科 Lycopodiaceae*

002 石松

学名 ***Lycopodium japonicum*** Thunb.　　属名 石松属

形态特征 匍匐主茎地上生，向下生出根托，向上生出侧枝；侧枝斜升，高 15~30cm，二至三回以钝角作广二叉分枝，小枝连同叶宽通常 8~10mm。叶螺旋状排列，线状钻形或针形，长 3~5mm，顶端具易脱落的灰白色透明长发丝，全缘，先端尾尖，质薄而软。孢子叶穗直立，2~8 个，生于具疏叶的小枝顶部，通常有明显的小柄，圆柱形，长 2.5~5cm；孢子叶卵状三角形，先端锐尖具长尾，边缘有不规则锯齿。孢子囊肾形。

生境与分布 见于余姚、北仑、鄞州、奉化、宁海、象山；生于林下、阴湿岩石上或灌木丛中。产于全省山区；分布于我国除东北、华北以外其他各省区；亚洲其他亚热带地区也有。

主要用途 全草入药，有祛风活血、舒筋散寒、利尿通经的功效；可提取蓝色染料；茎枝为极好的插花材料。

* 本科宁波有 2 属 2 种。

003 灯笼草 垂穗石松

学名 ***Palhinhaea cernua*** (Linn.) Vasc. et Franco　属名 垂穗石松属

形态特征 地上部主枝直立，单一，高通常 40~50cm，树状，淡绿色。茎圆柱形，上部多回分枝，小枝较短，细弱。叶一型，线状钻形，螺旋状排列，全缘，有棱，质软，弯弓，外展或斜向上，长 3~3.5mm，向上渐变狭，顶端芒刺状。孢子叶穗生于小枝顶端，单一，无柄，成熟时指向下，卵形、圆锥形至圆柱状卵形，具密生的孢子叶，长 4~6mm；孢子叶三角形，先端呈芒刺状，边缘流苏状。孢子囊生于孢子叶叶腋。

生境与分布 见于余姚、鄞州、象山；生于林下、林缘及灌丛下阴湿处或岩石上。产于杭州、温州、绍兴、衢州、台州、丽水；分布于长江以南各省区；亚洲其他热带及亚热带地区、大洋洲、中南美洲也有。

主要用途 全草入药，有舒筋活络、消炎解毒、收敛止血、止咳的功效。

卷柏科 Selaginellaceae*

004 深绿卷柏

学名 *Selaginella doederleinii* Hieron. 属名 卷柏属

形态特征 植株高 20~35cm。主茎禾秆色，有棱，有粗壮根托，二至四回分枝。叶二型，有深绿色光泽，背腹各 2 列；侧叶密接斜展，卵状长圆形，钝头，基部心形，上侧有微锯齿，下侧全缘；中叶卵状长圆形，指向枝端，先端具短芒刺，基部心形，边缘有锯齿，背部龙骨状隆起。孢子叶穗四棱形；孢子叶卵状三角形，先端长渐尖，边缘有锯齿。孢子囊近球形。

生境与分布 见于宁海；生于林缘较阴处。产于丽水、温州及江山；分布于长江以南各省区；东南亚及印度、日本也有。

主要用途 全草入药，有消肿解毒、祛风散寒、止血生肌、抗癌的功效；叶色浓绿，可供观赏。

* 本科宁波有 1 属 8 种。

005 兖州卷柏

学名 ***Selaginella involvens*** (Sw.) Spring　属名 卷柏属

形态特征　植株高 15~25cm。主茎直立，禾秆色，下部不分枝，上部二至三回分枝。叶在分枝以下一型，覆瓦状紧贴，卵形，先端渐尖，基部心形，边缘有睫毛状细齿；分枝以上叶二型，排成 4 列；侧叶斜展，斜卵状披针形，渐尖，基部上侧圆形，下侧微凹；中叶斜卵形，渐尖，外侧有睫毛，内侧有锯齿；中脉明显，两侧常有 1 条并行的沟。孢子叶穗四棱柱形；孢子叶卵圆形，渐尖，基部近圆形，背面龙骨状隆起。孢子囊肾形。

生境与分布　见于余姚；生于林下岩石上或灌丛中。产于温州及淳安、遂昌；分布于华东、华中、华南、西南及陕西、甘肃。

006 江南卷柏

学名 ***Selaginella moellendorfii*** Hieron　　属名 卷柏属

形态特征 植株高 15~35cm。主茎直立，禾秆色，下部不分枝，上部分枝。叶在分枝下部一型，螺旋状疏生，小叶间距约 6mm，卵形至卵状三角形；分枝上部的叶二型，背腹各 2 列；侧叶斜展，卵形至卵状三角形，短尖头，基部近圆形，边缘有细齿或下侧全缘，有白边；中叶斜卵圆形，锐尖头，基部斜心形，有膜质白边和细齿；叶草质，光滑。孢子叶穗四棱柱形；孢子叶卵状三角形，锐尖头，边缘有白边和细齿，背部龙骨状隆起。孢子囊圆肾形。

生境与分布 见于全市丘陵山地；生于路边林下。产于全省丘陵山地；分布于长江以南各省区及陕西；日本、菲律宾、越南也有。

主要用途 全草入药，有清热解毒、利尿通淋、活血消肿、止痛退热的功效；可作观赏蕨类。

附种 **布朗卷柏 *S. braunii***，叶轴、羽轴密被细柔毛。见于宁海、象山；生于疏林下岩石旁。

布朗卷柏

007 伏地卷柏

学名 ***Selaginella nipponica*** Franch. et Sav.　　属名 卷柏属

形态特征　植株细弱，伏地蔓生。主茎分化不明显，淡禾秆色，各分枝节下具有不定根。叶二型，侧叶阔卵形，锐尖头，基部心形，边缘有细齿，向两侧平展；中叶卵状矩圆形，渐尖头，基部圆形，边缘有细齿，交互指向上；中脉不明显；叶薄草质，光滑。能育枝直立，高5~10cm。孢子叶二型，与营养叶相似，在枝下部排列稀疏，至近顶端较紧密，并缩小，形成长而松散的不明显孢子叶穗。孢子囊卵圆形。

生境与分布　见于慈溪、余姚、镇海、北仑、鄞州、奉化、宁海、象山；生于林下草地或岩石上。产于全省山地丘陵和旷野；分布于长江以南各省区及甘肃、青海、陕西、山西、山东；日本也有。

主要用途　全草入药，有清热解毒、润肺止咳、止血生肌、舒筋活血的功效；可作盆景表土覆盖物。

附种　异穗卷柏 ***S. heterostachys***，孢子枝直立，高5~16cm，禾秆色，有棱；孢子叶穗紧密，扁平线形。见于余姚、北仑、鄞州、奉化、宁海、象山；生于路边岩石上或阴湿地上。

异穗卷柏

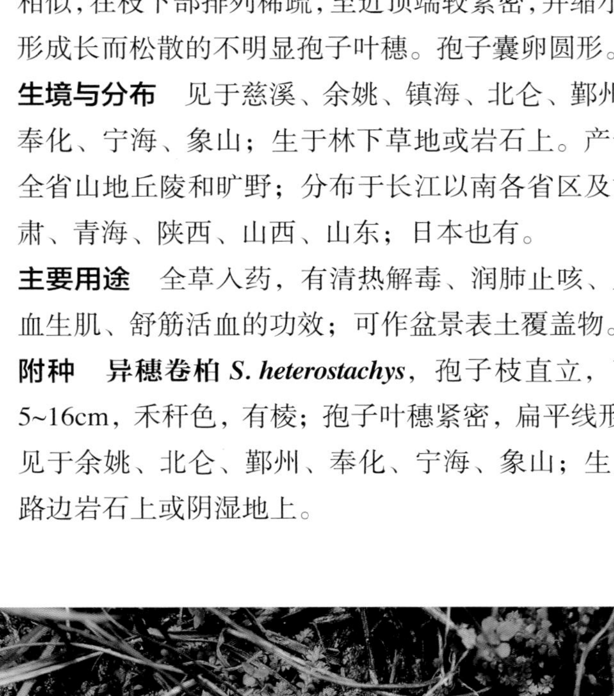

008 卷柏 还魂草

学名 ***Selaginella tamariscina*** (Beauv.) Spring 属名 卷柏属

形态特征 旱生植物，通常高 5~45cm。基部分枝，聚合成粗短主干，枝叶扁平，密生顶端，排列成莲座状，遇干旱时向内拳曲。叶二型，互生，边缘均具膜质透明芒刺，背腹各 2 列成 4 行，密接而瓦覆；侧叶斜展，斜圆卵形，先端急尖，基部两侧强烈不等，边缘具齿；中叶略斜展，卵状披针形，先端渐尖，基部圆，有一簇细毛，边缘有毛状细齿；叶近革质，背面沿中脉隆起，膜质边缘及芒刺有时变成褐棕色。孢子叶穗四棱柱形，单一；孢子叶卵状三角形，先端渐尖，边缘膜质，有细齿，呈龙骨状隆起。孢子囊圆肾形。

生境与分布 见于慈溪、余姚、北仑、鄞州、奉化、宁海、象山；常附生于岩壁上。产于全省山区；分布于长江以南各省区及吉林、内蒙古、山东；东北亚及菲律宾、泰国也有。

主要用途 全草入药，有破血（生用）、止血（炒熟）、祛痰通经的功效；可供观赏。

009 翠云草

学名 ***Selaginella uncinata*** (Desv. ex Poir.) Spring　属名 卷柏属

形态特征　植株长通常 25~50cm。主茎伏地蔓生或攀附他物上升，禾秆色，有棱，分枝处有根托或具细根；多回分叉。分枝下的叶一型，2 列，疏生，卵形或卵状椭圆形，短尖头，基部近心形，有白边；分枝上的叶二型，背腹各 2 列，侧叶平展，与分枝下叶近似；中叶疏生，指向枝顶，长卵形，先端渐尖，基部圆楔形，全缘，有白边；叶薄草质，在荫蔽的生长环境中上面亮蓝绿色，下面淡绿色，在裸露的生长环境中上面往往呈红褐色。孢子叶穗四棱柱形；孢子叶卵状三角形或卵状披针形，先端长渐尖，全缘，背部呈龙骨状隆起。孢子囊卵形。

生境与分布　见于余姚、北仑、鄞州、奉化、宁海、象山；生于林下草丛中。产于全省山区；分布于华中、华东、西南、华南及陕西。

主要用途　全草入药，有清热解毒、利湿通络、止血生机、化痰止咳的功效；可作观赏蕨类。

水韭科 Isoëtaceae*

010 中华水韭

学名 ***Isoëtes sinensis*** Palmer　　属名 水韭属

形态特征 多年生水生草本，高 15~30cm。叶线形，长 15~30cm，鲜绿色，先端渐尖，基部变阔成膜质鞘，腹部凹入，凹入处生孢子囊，上有三角形渐尖的叶舌。孢子囊椭圆形，长约 9mm，具白色膜质盖；大孢子白色；小孢子灰色。

生境与分布 见于北仑、鄞州、奉化；生于低海拔的山边浅水湿地或小水沟中。产于杭州、丽水及诸暨；分布于安徽、广西、江苏。

主要用途 国家 I 级重点保护野生植物。可供观赏。

* 本科宁波有 1 属 1 种。

木贼科 Equisetaceae*

011 节节草

学名 ***Equisetum ramosissimum*** Desf.　　属名 木贼属

形态特征　植株高 30~50cm。根状茎横走，在节和根上疏生黄棕色长毛。气生茎多年生，绿色，一型，直径 2~4mm，多在下部分枝。主枝有脊 8~10 条，脊上有 1 行小疣状凸起，或有小横纹，沟中有气孔线 1~4 行；鞘筒狭长，略呈漏斗状，顶部有时棕色；鞘齿三角形，边缘薄膜质，有时上半部也为薄膜质，背部隆起，部分宿存；侧枝有脊 5~6 条，背部平滑或有小疣状凸起，鞘齿三角形，部分宿存。孢子叶穗着生于枝顶端，椭圆形，长约 1cm，顶端有小尖突，无柄。

生境与分布　见于全市各地；生于路旁灌丛或溪边。产于杭州、金华、温州及诸暨、遂昌、龙泉；分布于华东、华中、华南、西南、东北及新疆；亚洲中部和西南部、太平洋群岛、非洲、欧洲、北美洲也有。

主要用途　全草入药，有祛风清热、除湿利尿、明目退翳、止咳平喘的功效。

* 本科宁波有 1 属 1 种。

松叶蕨科 Psilotaceae*

012 松叶蕨

学名 ***Psilotum nudum*** (Linn.) Beauv.　属名 松叶蕨属

形态特征 植株高 15~50cm。根状茎圆柱形；小枝三棱形，绿色，密生白色气孔。营养叶钻形或鳞片状，长约 3mm，先端钝尖，基部近心形，草质，无中脉，无叶绿素，无毛。孢子叶卵圆形，先端二分叉。孢子囊常 3 枚聚生，囊壁彼此融合，成 3 室蒴果状，熟后纵裂。孢子长椭圆形。

生境与分布 见于宁海、象山；附生于岩缝中。产于台州、丽水、温州；分布于华东、华南、西南及陕西；广泛分布于热带、亚热带，北至朝鲜半岛、日本。

主要用途 浙江省重点保护野生植物。全草可入药，有祛风湿、舒筋活血、消炎解毒的功效。

* 本科宁波有 1 属 1 种。

蕨类植物

裸子植物

被子植物

阴地蕨科 Botrychiaceae*

013 阴地蕨

学名 ***Botrychium ternatum*** (Thunb.) Sw.　　属名 阴地蕨属

形态特征　植株高 15~32cm。叶总柄长 2~6cm；不育叶叶柄长 6~12cm，叶阔三角形，短尖头，三回羽状；羽片 3~4 对，互生或近对生，略张开，基部 1 对最大，阔三角形，短尖头，二回羽裂，羽柄长 0.5~1.5cm；小羽片 3~4 对，有柄，互生或近对生，卵状长圆形或长圆形，一回羽裂；裂片长卵形至卵形，先端急尖，边缘有不整齐的尖锯齿；叶厚草质，表面凹凸不平；能育叶叶柄长 12~40cm，远高出不育叶。孢子囊穗圆锥状，长 4~13cm，二至三回羽状。

生境与分布　见于余姚、江北、北仑、鄞州、奉化、象山；生于山坡林下。产于杭州及安吉、开化、磐安、武义、文成；分布于华中、华东及四川、贵州；日本、朝鲜半岛、越南及喜马拉雅地区也有。

主要用途　全草入药，有清热解毒、平肝散结、润肺止咳、补肾散翳的功效。

附种　**华东阴地蕨 *B. japonicum***，叶表面平滑，叶脉明显；不育叶略呈五角形，叶轴和羽轴上偶有毛。见于余姚、鄞州、奉化、宁海、象山；生于林下阴湿地。

华东阴地蕨

---

* 本科宁波有 1 属 2 种。

瓶尔小草科 Ophioglossaceae*

014 心脏叶瓶尔小草

学名 ***Ophioglossum reticulatum*** Linn. 属名 瓶尔小草属

形态特征 多年生草本，高 5~8cm。根状茎短而直立，有少数粗长的肉质根。叶通常单生，二型；总柄长 4~8cm，淡绿色；营养叶卵形或卵圆形，长 3~4cm，先端圆钝至急尖，基部心形或近截形，有短柄，草质，网状脉明显。孢子叶自营养叶柄的基部生出，长 10~15cm。孢子囊穗长 3~3.5cm，纤细。

生境与分布 见于象山；生于林下灌草丛中；分布于西南、华中及福建、台湾、甘肃、陕西；朝鲜半岛及非洲、马达加斯加、南美洲也有。浙江省分布新记录种。

附种 **瓶尔小草 *O. vulgatum***，不育叶无柄，卵形至狭卵形，基部渐狭成楔形。见于宁海；生于灌草丛中。

瓶尔小草

* 本科宁波有 1 属 2 种。

紫萁科 Osmundaceae*

015 福建紫萁 分株紫萁

学名 ***Osmunda cinnamomea*** Linn. var. ***fokiense*** Cop. 属名 紫萁属

形态特征 植株高 60~80cm。叶簇生，二型；不育叶叶柄长 20~35cm，基部尖削，两侧具翅，腹面有浅纵沟，幼时被绒毛；叶纸质，椭圆形至狭椭圆形，长 40~60cm，先端渐尖，基部略缩狭，二回羽裂；羽片 22~30 对，与叶轴相连处有关节，条状披针形，基部两侧不等，下侧平截紧靠叶轴，上侧斜切，与叶轴疏离，一回深羽裂；裂片 12~16 对，矩圆形，先端圆形，基部与狭翅相连，全缘；叶脉羽状，侧脉二叉；能育叶叶柄长 25~45cm，二回羽状，末回裂片线形，幼时全体被棕色绒毛。孢子囊着生在小羽轴两侧，常夹有亮黑褐色绒毛。

生境与分布 见于余姚；生于沼泽地中。产于杭州、金华、丽水、温州及安吉；分布于东北、华东、华南、西南及湖南；东北亚及越南也有。

主要用途 根状茎供药用，有清热解毒、止血杀虫的功效；也可盆栽。

* 本科宁波有 1 属 1 种 2 变种。

016 紫萁

学名 ***Osmunda japonica*** Thunb. 属名 紫萁属

形态特征 植株高约1m。叶二型，簇生；不育叶叶柄长20~50cm，禾秆色，叶片阔卵形，叶长30~50cm，二回羽状；羽片5~7对，对生，长圆形，基部1对最大，其余向上各对渐小；小羽片无柄，长圆形或长圆状披针形，先端钝或短尖，基部圆形或斜截形，边缘密生细齿；侧脉二叉分枝，小脉近平行，直达锯齿；叶纸质，幼时被绒毛，后变光滑；能育叶二回羽状，小羽片强度紧缩成线形，长1.5~2cm，沿下面中脉两侧密生孢子囊。

生境与分布 见于全市丘陵山地；生于林缘及林下较湿润处。产于全省山区、半山区；分布于长江流域及以南，东至台湾，西北至陕西、甘肃；东北亚、东南亚、南亚也有。

主要用途 根状茎供药用，有清热解毒、祛湿散瘀、止血、杀虫的功效。

附种 **矛叶紫萁**（变种）var. ***sublancea***，不育叶的顶部羽片或第2、第3以上羽片全成为能育羽片。见于北仑、象山；生于林缘及林下较湿润处。

矛叶紫萁

瘤足蕨科 Plagiogyriaceae*

017 瘤足蕨

学名 ***Plagiogyria adnata*** (Bl.) Bedd. 属名 瘤足蕨属

形态特征 植株高 30~50cm。叶草质；不育叶叶柄长 13~17cm，灰棕色；叶长 30~38cm，向顶部为深羽裂的渐尖头；羽片 20~25 对，平展，互生，披针形，长 8~10cm，基部多少合生，下侧圆形，分离，上侧合生，略上延，基部不缩短，多少斜向下，几分离，仅基部上侧略与叶轴合生，向顶部的羽片逐渐缩短，基部沿叶轴以狭翅汇合，边缘全缘，仅向顶部有钝锯齿；叶脉斜出，二叉，两面明显；能育叶较高，柄长 28~34cm；叶长约 20cm；羽片线形，有短柄，急尖头。

生境与分布 见于余姚、北仑、鄞州、宁海、象山；生于林下阴湿地。产于杭州及开化、庆元、泰顺；分布于华东、华中、华南、西南；印度、日本及东南亚也有。

附种 **华中瘤足蕨 *P. euphlebia***，叶奇数羽状，顶生羽片分离；羽片具柄。见于余姚、奉化；生于林下阴湿处。

* 本科宁波有 1 属 4 种。

华中瘤足蕨

018 镰羽瘤足蕨

学名 ***Plagiogyria falcata*** Cop. 属名 瘤足蕨属

形态特征 植株高 35~95cm。不育叶叶柄长 15~36cm，草质，连同叶轴横切面为锐三角形，腹面两侧有淡棕色狭翅；叶长披针形，长 35~65cm，基部渐缩狭，羽状深裂几达叶轴；裂片 30~50 对，平展，狭披针形，中部的裂片较大，基部不对称，下侧略圆，上侧宽而上延，或以狭翅与叶轴相连，边缘下部全缘，向上略有钝齿，基部数对羽片稍缩短，斜向下；侧脉二叉，直达叶边；能育叶较高，柄长 35~45cm，叶长 30~40cm，羽片紧缩成线形，长 3~4cm，无柄。

生境与分布 见于鄞州；生于林下或林缘。产于丽水及临安、淳安、开化、泰顺；分布于华东、华南及湖南、贵州；菲律宾也有。

主要用途 植株姿态优美，可供观赏。

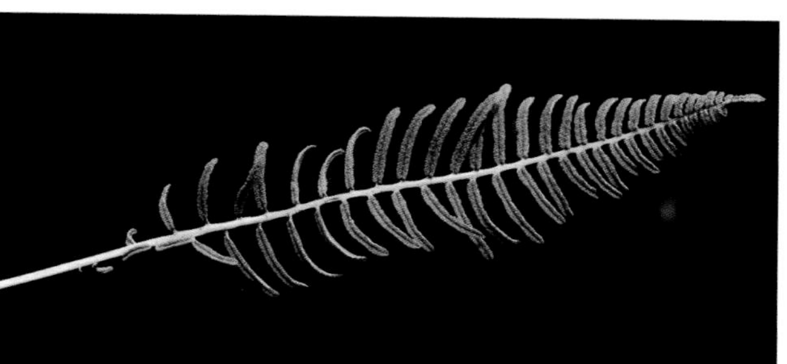

019 华东瘤足蕨

学名 ***Plagiogyria japonica*** Nakai　　属名 瘤足蕨属

形态特征 植株高65~90cm。叶纸质；不育叶叶柄长15~35cm，暗褐色；叶长圆形，先端尾状，长25~35cm，一回羽状；羽片13~15对，互生，近开展，披针形，长7~10cm，无柄，短渐尖，基部近圆楔形，下侧楔形，分离，上侧与叶轴合生，略上延，基部几对为短楔形，几分离，向顶部的略缩短，合生，顶生羽片特长，与其下的较短羽片合生，叶边有疏钝锯齿，向顶部较粗；小脉明显，二叉分枝，极少为单一，直达锯齿；能育叶叶柄长40~60cm，叶长25~30cm；羽片紧缩成线形，长6~9cm，有短柄。

生境与分布 见于余姚、北仑、鄞州、奉化、宁海；生于林下。产于杭州、衢州、丽水及武义、天台；分布于长江流域及以南各省区；日本、朝鲜半岛、印度也有。

主要用途 根状茎入药，有清热解毒、消肿止痛的功效；可作观叶植物。

里白科 Gleicheniaceae*

020 芒萁

学名 ***Dicranopteris pedata*** (Houtt.) Nakaike　　属名 芒萁属

形态特征　植株通常高 40~50cm。根状茎及顶芽密被深棕色节状毛。叶纸质，下面灰白色，沿羽轴、中脉及侧脉疏被深棕色节状毛；叶柄褐禾秆色，通常长 20~30cm；叶轴一至三回二叉分枝，多数二回；顶芽卵形，外包 1 对卵状、边缘具不规则裂片或粗齿的苞片；各回分叉处两侧各有 1 片平展的宽披针形羽状托叶；末回羽片篦齿状深羽裂达羽轴；裂片披针形，垂直羽轴，先端钝，有时微凹，羽片基部上侧的数对极短，三角状长圆形，全缘，具软骨质狭边。孢子囊群圆形，着生于基部上侧或上下两侧小脉的弯弓处，有 5~8 个孢子囊。

生境与分布　见于全市丘陵山地；生于路边、疏林下或灌丛中。产于全省酸性土丘陵山地；分布于长江流域以南省区及山东、甘肃、山西；东南亚、南亚及日本、澳大利亚也有。

主要用途　全草或根状茎入药，有清热利尿、解毒化瘀、止血止咳、接骨的功效。

* 本科宁波有 2 属 3 种。

021 里白

学名 ***Diplopterygium glaucum*** (Thunb. ex Houtt) Nakai 属名 里白属

形态特征 植株高可达1.5m。根状茎横走，密被褐棕色、披针形、边缘有锯齿或缘毛的鳞片。叶纸质，下面灰白色，叶边有棕色星状毛；叶柄长50~60cm，或更长，基部有鳞片，向上光滑；叶柄顶端有1个密被棕色鳞片的大顶芽，不断发育形成新羽片，羽片1至多对，对生，卵状长圆形，长60~75cm，先端渐尖，基部略缩狭，二回羽裂；小羽片互生，与羽轴几成直角，条状披针形，基部截形，一回羽裂；裂片互生，与小羽轴几成直角，披针形，先端钝，全缘；侧脉二叉。孢子囊群圆形，着生于分叉侧脉的上侧一脉，有3~4个孢子囊。

生境与分布 见于慈溪、余姚、镇海、北仑、鄞州、奉化、宁海、象山；生于林下，常形成里白群落。产于杭州、舟山、金华、温州及诸暨、天台、遂昌、龙泉；分布于华东、华中、华南、西南；印度、日本也有。

主要用途 根状茎或仅其髓部入药，有行气止血、接骨的功效。

光里白

学名 ***Diplopterygium laevissimum*** (Christ) Nakai　属名 里白属

形态特征　植株高 1~1.5m。根状茎连同叶柄基部及顶芽均密被棕色披针形、全缘的鳞片。叶近革质，下面灰绿色，两面无毛；叶柄长 30~50cm，无毛；叶三回羽裂，由顶芽不断形成的叶轴基部生出的 1 至数对二回羽状的羽片构成，羽片对生，卵状长圆形，长 30~50cm，先端渐尖，二回羽裂；小羽片互生，斜向上，与羽轴斜交成一锐角，条状披针形，长可达 15cm，羽状全裂；裂片斜向上，与小羽轴斜交成锐角，条状披针形，先端锐尖，全缘，反卷；侧脉二叉。孢子囊群小，圆形，着生于分叉侧脉的上侧一脉，有 3~4 个孢子囊。

生境与分布　见于余姚、北仑、鄞州、象山；多生于低海拔林下或林缘。产于临安、开化、天台、遂昌、龙泉、文成、泰顺；分布于华东、华中、华南、西南；日本、菲律宾、越南也有。

主要用途　可观赏，其羽片可作切叶。

海金沙科 Lygodiaceae*

023 海金沙

学名 ***Lygodium japonicum*** (Thunb.) Sw.　属名 海金沙属

形态特征 草质藤本，长达1~4m。叶纸质，脉上疏被短毛；叶轴和羽轴上两侧有狭边并被灰白色毛；叶三回羽状；羽片二型，对生于叶轴的短枝上，枝的顶端有1个被黄色柔毛的休眠芽，羽柄长约2cm；不育羽片三角形，长宽几相等，8~18cm；一回小羽片3~4对，互生，卵圆形；二回小羽片1~3对，互生，卵状三角形或卵状五角形，通常掌状3裂，中央裂片短而宽，边缘有不规则的浅锯齿；中脉明显，侧脉一至二回二叉分枝，直达锯齿；能育羽片三角形，长宽近相同，8~16cm，在末回小羽片或裂片边缘疏生流苏状的孢子囊穗。

生境与分布 见于全市各地；生于林缘、疏林下和灌丛中。产于全省丘陵山地；分布于长江以南各省区及河南、陕西；东南亚、南亚及日本、朝鲜半岛、美国、澳大利亚也有。

主要用途 全草或孢子入药，有清热解毒、利胆消肿的功效；可盆栽或作垂直绿化观赏。

附种 狭叶海金沙 ***L. microphyllum***，不育羽片的末回小羽片掌状深裂，裂片长而狭，中央裂片长3~9cm；能育羽片先端有不育的长尾头。见于北仑、宁海、象山；生于灌草丛中。

狭叶海金沙

* 本科宁波有1属2种。

膜蕨科 Hymenophyllaceae*

024 多脉假脉蕨

学名 ***Crepidomanes insignis*** (v. d. Bosch) Fu　属名 假脉蕨属

形态特征　植株高 3~5cm。根状茎密被黑褐色的短毛。叶远生，薄膜质，光滑；叶柄长 0.5~1cm，基部黑褐色并被短睫毛，两侧有狭翅几达基部，翅的边缘平滑或有易落的疏睫毛；叶狭长圆形至三角状披针形，长 1.5~3.5cm，基部楔形，二回羽裂；羽片 4~6 对，互生，无柄，斜向上，卵状披针形，先端钝，基部斜楔形，羽裂几达有翅的羽轴；裂片 2~4 对，极斜向上，密接，钝头，全缘；叶脉叉状分枝，两面隆起，在叶边与叶脉间有 2~3 行断续的与叶脉几并行的假脉；叶轴及羽轴全部有翅。孢子囊群位于叶上部 2/3 着生于短裂片顶端；囊苞倒长圆锥形，两侧有翅，其下的裂片浅裂成圆形的两唇瓣；囊托突出。

生境与分布　见于余姚、鄞州、奉化、宁海；生于湿润岩石上。产于乐清、文成；分布于福建、广东、广西；印度、老挝、越南、日本、朝鲜半岛也有。

附种　长柄假脉蕨 *C. racemulosum*，叶柄长 1~3cm，两侧的翅上有睫毛；叶边和叶脉之间有断续的假脉 1~2 行；囊苞唇瓣有尖头。见于北仑、鄞州；生于林下岩壁上。

* 本科宁波有 4 属 6 种。

长柄假脉蕨

025 团扇蕨

学名 ***Gonocormus minutus*** (Bl.) K. Iwats. 属名 团扇蕨属

形态特征 植株高 1~1.5cm。根状茎丝状，交织成毡状，黑褐色，密被暗褐色短毛。叶远生，薄膜质，半透明，暗绿色；叶柄纤细，长 4~8mm，光滑；叶团扇形至圆肾形，长与宽不超过 1cm，基部心脏形或短楔形，扇状分裂达 1/2；裂片线形，顶端常浅裂，钝头，全缘，生囊苞的裂片常较营养裂片为短或等长；叶脉多回二叉分枝，两面明显，每裂片有小脉 1~2 条。孢子囊群着生于短裂片顶端；囊苞管状，具翅，口部膨大；囊托突出。

生境与分布 见于余姚、北仑、鄞州、奉化、宁海；生于林下阴湿树干或岩石上。产于杭州、温州及江山、仙居、遂昌、龙泉；分布于东北、华东、华南、西南及湖南；非洲及东北亚、东南亚也有。

026 华东膜蕨

学名 ***Hymenophyllum barbatum*** (v. d. Bosch) Bak. 属名 膜蕨属

形态特征 植株高 1~5cm。根状茎暗褐色，疏被淡褐色节状毛或几光滑。叶远生，薄膜质；叶柄长 1~1.7cm，全部或大部有狭翅，疏被淡褐色柔毛；叶卵形，长 1.5~2.5cm，先端圆钝，基部近心形，二回羽裂；羽片长圆形，3~5 对，互生，无柄，末回裂片线形，斜向上，圆头，边缘有小尖齿；叶脉叉状分枝，两面隆起；叶轴全部有翅，与羽轴同被褐色节状毛。孢子囊群生叶上部，位于短裂片上；囊苞长卵形，圆头，先端有少数尖齿。

生境与分布 见于余姚、北仑、鄞州、宁海、象山；生于林下湿润岩石上，少有在苔藓丛中。产于杭州、丽水、温州及安吉、东阳；分布于长江以南各省区；日本、朝鲜半岛、越南、印度也有。

主要用途 全草入药，有止血的功效。

027 华东瓶蕨

学名 ***Vandenboschia orientalis*** (C. Chr.) Ching　　属名 瓶蕨属

形态特征　植株高 10~20cm。根状茎密生暗褐色或黄褐色节状毛。叶远生，薄膜质，叶轴和羽轴具翅，下面有具隔的微小棒状腺毛；叶柄长 4~8cm，两侧有阔翅几达基部，基部有节状毛；叶卵状长圆形，长 7~10cm，三至四回羽裂；羽片 6~10 对，互生，有短柄，三角状长圆形或斜卵形，长 1.5~3cm，先端渐尖，基部斜楔形；末回羽片条状长圆形，单一或分叉，斜向上，圆头，全缘；叶脉二叉，两面隆起。孢子囊群生于向轴的短裂片顶部，囊苞管状，两侧具狭翅，口部稍膨大；囊托细长突出。

生境与分布　见于北仑、鄞州、奉化、象山；生于林缘阴湿的岩石上。产于杭州、温州及武义、庆元；分布于华东、华南、西南及湖南；日本、朝鲜半岛也有。

主要用途　全草入药，有止血生肌、清热解毒、健脾消食、利尿的功效。

碗蕨科 Dennstaedtiaceae*

028 细毛碗蕨

学名 ***Dennstaedtia hirsuta*** (Sw.) Mett. ex Miq. 属名 碗蕨属

形态特征 植株高14~30cm。全株密被灰棕色或灰色节状长毛。叶草质，近簇生；叶柄长4~10cm，禾秆色；叶长圆状披针形，长8~19cm，二回羽状；羽片12~20对，下部的长1~3.5cm，宽0.5~1cm，具狭翅的短柄或无柄，一回羽状，或羽状分裂或深裂；小羽片1~4对，长圆形或阔披针形，上先出，基部上侧一片较长，顶端有2~3个尖锯齿，基部楔形，下延和羽轴相连；裂片先端具1~3个小尖齿；叶脉羽状分叉，每齿有小脉1条，不达齿端。孢子囊群圆形，生于裂片基部的上侧小脉顶端；囊群盖浅碗形，有毛。

生境与分布 见于余姚、北仑、鄞州、宁海、象山；生于山沟岩缝中。产于杭州、金华、丽水及安吉、普陀、天台、乐清；分布于华东、东北、西南、华北、华中及陕西；日本、朝鲜半岛也有。

* 本科宁波有2属3种2变种；本图鉴收录3种1变种。

光叶碗蕨

学名 ***Dennstaedtia scabra*** (Wall. et Hook.) Moore var. ***glabrescens*** (Ching) C. Chr.  属名 碗蕨属

形态特征 植株高 50~75cm。根状茎红棕色，密被棕色透明节状毛。叶疏生；叶柄长 20~35cm，红棕色或淡栗色，上面有沟；叶三角状披针形或长圆形，长 20~40cm，下部三至四回羽状深裂，中部以上三回羽状深裂；羽片 10~20 对，长圆状披针形，先端渐尖，几互生，基部 1 对最大，二至三回羽状深裂；一回小羽片 14~16 对，向上渐短，长圆形，具有狭翅的短柄，二回羽状深裂；二回小羽片阔披针形，基部有狭翅相连，先端钝或短尖，羽状深裂；末回小羽片全缘或 1~2 裂；叶脉羽状分叉，小脉不达叶缘，每个小裂片有小脉 1 条，先端有纺锤形水囊；叶坚草质，干后棕绿色。孢子囊群圆形，位于裂片的小脉顶端；囊群盖碗形，灰绿色。

生境与分布 见于余姚、鄞州、宁海、象山；生于林下湿润处。产于杭州、丽水及开化、江山、平阳；分布于华东、华南、西南及湖南；东南亚及日本、朝鲜半岛、印度、斯里兰卡也有。

030 边缘鳞盖蕨

学名 ***Microlepia marginata*** (Panzer) C. Chr.　　属名 鳞盖蕨属

形态特征　植株高 45~80cm。根状茎密被锈色长柔毛。叶远生；叶柄长 15~32cm；叶长圆状披针形，长达 55cm，先端渐尖，羽状深裂，基部不变狭，与叶柄近等长或较长，一回羽状；羽片 20~25 对，基部的对生，远离，上部的互生，接近，长 10~15cm，基部上侧钝耳状，下侧楔形，边缘有缺刻至浅裂，裂片三角形，圆头或急尖，向上部各羽片渐短，无柄；侧脉明显，在裂片上为羽状，2~3 对，上先出，达叶缘内；叶纸质；叶轴密被锈色开展的硬毛。孢子囊群圆形，每裂片 1~6 枚，近叶缘着生；囊群盖杯形，多少被短硬毛。

生境与分布　见于全市丘陵山地；生于林下或林缘。产于全省山区、半山区；分布于华东、华中、华南、西南；东南亚、南亚及日本也有。

031 粗毛鳞盖蕨

学名 ***Microlepia strigosa*** (Thunb.) Presl 属名 鳞盖蕨属

形态特征 植株高75~135cm。根状茎、叶柄密被灰棕色长针状毛。叶远生；叶柄长25~55cm，褐棕色，毛脱落后留下粗糙的斑痕；叶长圆形，长50~80cm，先端渐尖，回羽状；羽片25~35对，近互生，斜展，有柄，条状披针形，先端长渐尖，基部不对称；小羽片25~28对，无柄，近菱形，先端急尖，上侧截形，而与羽轴平行，下侧狭楔形，多少下延，上侧为不同程度的羽裂，基部上侧的裂片最大，边缘有粗而不整齐的锯齿；叶脉下面隆起，上面明显，侧脉在裂片基部上侧的1~2对为羽状，其余各脉叉；叶纸质，下面沿叶轴及羽轴密被褐色短毛。孢子囊群小，每小羽片上8~9枚，位于裂片基部；囊群盖杯形，被棕色短毛。

生境与分布 见于余姚、镇海、北仑、象山；生于林下或近水边灌丛中。产于舟山、温州；分布于华东、华南、西南；喜马拉雅、太平洋群岛及印度尼西亚、日本、菲律宾、斯里兰卡、泰国也有。

主要用途 全草入药，味微苦，性寒，有祛湿热的功效；可栽培供观赏。

鳞始蕨科 Lindsaeaceae*

032 团叶鳞始蕨

学名 ***Lindsaea orbiculata*** (Lam.) Mett. ex Kuhn 属名 鳞始蕨属

形态特征 植株高 20~45cm。根状茎密被红棕色披针形鳞片。叶近生；叶柄长 10~20cm，亮栗色；叶条状披针形，长 10~25cm，一回羽状，下部常为二回羽状；羽片 15~25 对，下部的对生，上部的互生，有短柄，对开式，近圆形或扇状圆形，下部的较大，先端圆，基部楔形，上缘及外缘圆或钝，有不整齐的牙齿，在不育羽片上则有尖牙齿；二回羽状植株的叶基部有 1 至数对条状长圆形的羽片，长可达 5cm；叶脉二叉分枝成扇形；叶纸质，无毛；叶轴四棱。孢子囊群沿叶缘延伸成线性；囊群盖线形，膜质，有细牙齿，几达叶缘。

生境与分布 见于鄞州、象山；生于林缘、灌草丛中。产于温州；分布于华东、华南、西南及湖南；东南亚、南亚及日本也有。宁波鄞州为其分布北界。

主要用途 全草入药，味苦，性凉，有清热解毒、收敛止血、镇痛的功效；可栽培供观赏。

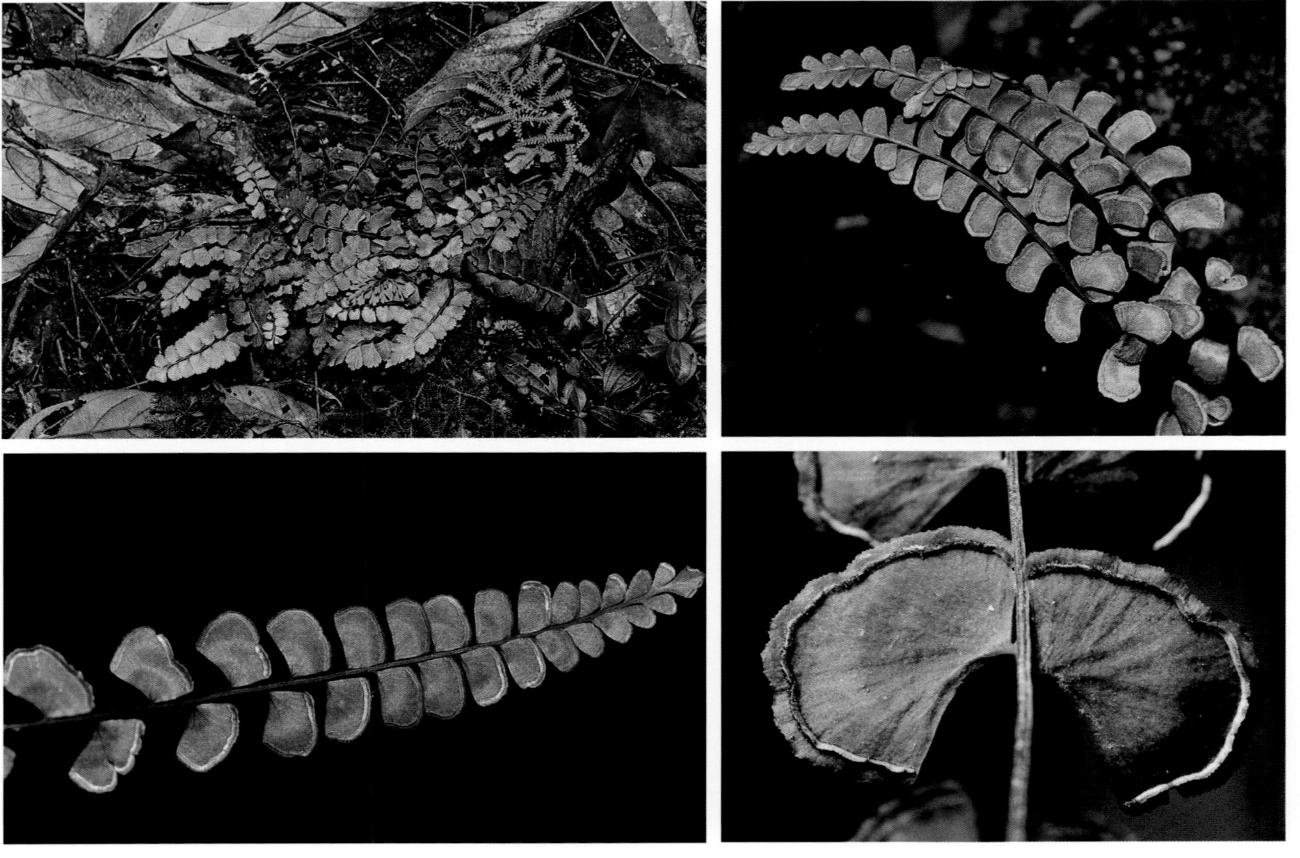

---

* 本科宁波有 2 属 3 种。

033 乌蕨

学名 ***Odontosoria chinensis*** (Linn.) J. Smith　　属名 乌蕨属

形态特征　植株高 20~40cm。根状茎密被褐色钻形鳞片。叶近生或近簇生；叶柄长 10~20cm，褐棕色，基部被鳞片；叶卵状披针形或长圆状披针形，长 12~25cm，先端渐尖或尾状，基部不缩狭或缩狭，四回羽状；羽片 15~20 对，互生，有短柄，卵状披针形，先端尾尖，基部楔形，近基部的三回羽状；末回小羽片倒披针形或狭楔形，先端截形或圆截形，有不明显的小牙齿，基部楔形，下延，其下部的末回小羽片常再分裂成具有 1~2 条小脉的短裂片；叶脉下面明显，在小裂片上为二叉分枝。孢子囊群顶生于小脉上，每裂片常 1 个；囊群盖半杯形。

生境与分布　见于全市丘陵山地；生于公路边岩石上或路边林缘。产于全省山区、半山区；分布于长江以南各省区；亚洲热带其他地区也有，向南可达马达加斯加。

主要用途　全草或根状茎入药，有清热利湿、止血生肌、解毒的功效。

附种　**阔片乌蕨 *O. biflora***，叶二回羽状或三回羽状；末回小羽片近扇形，小脉有 4~6 条；每个孢子囊群常联结 2 条小脉。见于象山；生于林缘、林下或旷野水沟边。

阔片乌蕨

姬蕨科 Hypolepidaceae*

034 姬蕨

学名 ***Hypolepis punctata*** (Thunb.) Mett 属名 姬蕨属

形态特征 植株通常高80~120cm。根状茎密生棕色细长毛。叶远生；叶柄长30~60cm，基部棕色，上面扁平，有纵沟达叶轴，被灰白色透明的毛；叶卵形，长45~60cm，四回羽状浅裂；羽片14~20对，狭卵形或卵状披针形，先端渐尖，基部圆形，基部1对最大；羽片17~20对，有短柄，披针形，下部的较大，羽状浅裂；末回小羽片9~11对，先端圆，浅裂；裂片3~5对，全缘；叶脉羽状，侧脉分叉，两面微凸；叶纸质，两面有灰白色透明节状毛。孢子囊群圆形，着生于小脉顶端，位于相邻两裂片的缺刻处，无盖，常被略反折的裂片边缘覆盖。

生境与分布 见于全市丘陵山地；生于房屋旁或路边湿润地。产于全省山区、半山区；分布于华东、华南、西南；热带美洲、东南亚及日本、朝鲜半岛、澳大利亚、斯里兰卡也有。

主要用途 全草入药，有清热解毒、收敛止血的功效。

* 本科宁波有1属1种。

蕨科 Pteridiaceae*

035 蕨

学名 ***Pteridium aquilinum*** (Linn.) Kuhn var. ***latiusculum*** (Desv.) Underw. ex Heller 属名 蕨属

形态特征 植株通常高达 1m 或更高。根状茎黑色，连同叶柄基部密被锈黄色或黑褐色细长毛，后渐脱落。叶远生；叶柄长 40~70cm，深禾秆色，基部常呈黑褐色；叶卵状三角形，长 50~80cm，三回羽状至四回深羽裂；羽片 10~15 对，近对生或互生，有柄，基部 1 对最大，卵形或卵状披针形；小羽片 10~15 对，卵形至长圆状披针形，先端长渐尖或尾状，下部的较大；裂片互生，矩圆形，基部稍狭；叶脉羽状，侧脉分叉。孢子囊沿羽片边缘着生在边脉上；囊群盖线形。

生境与分布 见于全市各地；生于林下、林缘或路旁。产于全省各地；分布于全国各地；热带、亚热带及温带地区也有。

主要用途 根状茎及全草入药，有清热解毒、利湿祛风、平肝潜阳、收敛止血的功效；根状茎富含淀粉，嫩叶可作蔬菜，称为蕨菜。

---

* 本科宁波有 1 属 1 变种。

蕨类植物 裸子植物 被子植物

凤尾蕨科 Pteridaceae*

036 凤尾蕨

学名 ***Pteris cretica*** Linn. var. ***nervosa*** Ching et S. H. Wu　属名 凤尾蕨属

形态特征 植株高 45~70cm。根状茎被鳞片；鳞片棕褐色，披针形，全缘或有疏缘毛。叶近簇生，二型；叶柄长 30~50cm，禾秆色，上面有 1 条深沟；不育叶卵形或卵状长圆形，长 20~30cm，一回羽状，羽片 4~6 对，对生，条形，基部近楔形而不下延，边缘有尖刺锯齿，基部 1~2 对羽片常分叉；能育叶与不育叶同形，但较狭，顶端渐尖，基部楔形而不下延，全缘，仅顶部不育部分有尖锯齿；叶脉羽状，明显，侧脉二叉或单一，小脉伸达叶边；叶坚革质，无毛；叶轴两侧无翅。孢子囊群线形，沿能育羽片的叶缘延伸，顶部不育；囊群盖线形。

生境与分布 见于余姚；生于林下、林缘或岩石缝中。产于金华、丽水及临安、桐庐、开化、文成、苍南；分布于秦岭以南，西达西藏；东南亚、南亚及日本、夏威夷群岛也有。

主要用途 全草入药，有清热利湿、消肿解毒、利水的功效；可栽培供观赏。

---

* 本科宁波有 1 属 4 种 1 变种。

037 刺齿凤尾蕨

学名 ***Pteris dispar*** Kunze **属名** 凤尾蕨属

形态特征 植株的能育叶高30~50cm。根状茎连同叶柄基部被棕色钻形鳞片。叶簇生，二型；叶柄长15~25cm，近栗色；叶长圆形或长圆状披针形，长15~40cm；不育叶远比能育叶小，有羽片2~5对，对生，斜三角形或三角状披针形，基部下侧一片裂片较长，上侧几乎不裂或仅有几个耳状凸起或具锯齿，顶生羽片大，篦齿状深裂，边缘有尖锯齿；能育叶羽片5~7对，小羽片顶部不育部分有锯齿；侧脉分叉，小脉伸入锯齿；叶草质，在羽轴两侧隆起的狭边上有啮蚀状的小凸起。孢子囊群线形，沿能育羽片的叶缘着生；囊群盖线形，全缘。

生境与分布 见于余姚、北仑、鄞州、奉化、宁海、象山；生于岩缝中。产于全省低山丘陵地区；分布于华东、华中、华南、西南；东南亚及日本、朝鲜半岛也有。

主要用途 可栽培供观赏，也可作切叶。

附种 **傅氏凤尾蕨** ***P. fauriei***，叶三角状卵形，二回羽状深裂，基部三回羽裂；侧生羽片4~6对，略呈镰刀状，篦齿状羽状深裂；裂片先端钝，全缘。见于宁海；生于林下。

傅氏凤尾蕨

038 井栏边草 凤尾草

学名 ***Pteris multifida*** Poir.　属名 凤尾蕨属

形态特征　植株高30~75cm。根状茎顶端密被栗色、线状钻形鳞片。叶簇生，二型；叶通常长7~20cm，一回羽状，下部一至数对羽片常二或三叉；不育叶有侧生羽片2~4对，无柄，顶生羽片和上部羽片单一，条状披针形或披针形，长8~23cm，下部羽片常有1或2片斜卵形或长倒卵形的小羽片；能育叶有侧生羽片4~6对，与顶生羽片同为条形，先端长渐尖，全缘，基部数对羽片常2~3叉；叶脉明显，侧脉单一或二叉；不育叶草质，能育叶坚纸质；叶轴禾秆色，两侧具由羽片的基部下延而成的翅。孢子囊群线形；囊群盖线形，膜质，全缘。

生境与分布　见于全市各地；生于墙脚、林下、林缘或岩缝。产于全省各地；分布于华东、华中、华南、西南及河北、陕西；日本、朝鲜半岛、越南、菲律宾、泰国也有。

主要用途　全草入药，有消肿解毒、清热利湿、凉血止血、生肌的功效；也可作地被植物栽培。

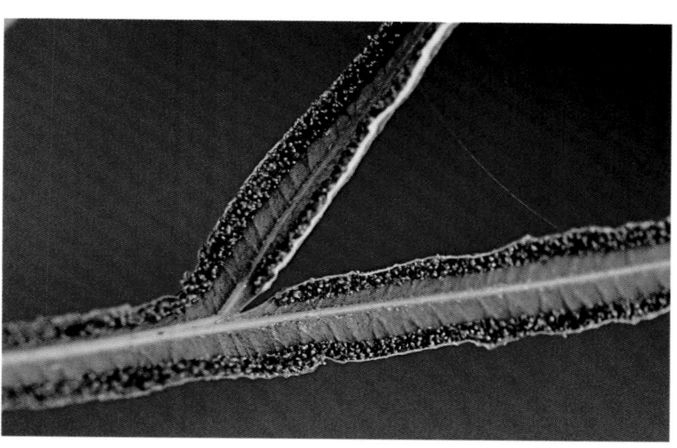

039 蜈蚣草

学名 ***Pteris vittata*** Linn. **属名** 凤尾蕨属

形态特征 植株高 18~130cm。根状茎密被淡棕色、线状披针形鳞片。叶簇生；叶柄长 5~22cm，禾秆色，近基部密被鳞片，向上渐疏；叶阔倒披针形，长 10~80cm，一回羽状；羽片多数，互生或近对生，无柄，条状披针形，长 3~10cm，先端渐尖，基部楔形或心形，两侧多少呈耳状，全缘，仅顶部不育部分有细锯齿，下部羽片逐渐缩短，基部 1 对有时呈耳形；侧脉细密，二叉或少有单一；叶近革质。孢子囊群线形，沿能育羽片边缘着生，但基部和顶部不育；囊群盖线形，膜质。

生境与分布 见于宁海；生于林缘岩石缝或墙脚。产于杭州、金华、温州及开化、龙泉、庆元；分布于华东、华中、华南、西南及甘肃、陕西；亚洲其他热带、亚热带地区也有。

主要用途 根状茎入药，有解毒、祛风除湿、止血、止泻的功效；可用于配置山石盆景或假山。

中国蕨科 Sinopteridaceae*

040 银粉背蕨

学名 ***Aleuritopteris argentea*** (Gmel.) Fée　属名 粉背蕨属

形态特征　植株高 14~24cm。根状茎短，直立或斜升，密被黑棕色有棕色狭边的线状披针形鳞片。叶柄长 7.5~18cm，红棕色至深棕色，基部疏生鳞片；叶五角形，长 3~5cm，先端渐尖，基部三回羽裂，中部二回羽裂，上部一回羽裂；羽片 1~5 对，对生，无柄，基部 1 对最大，斜三角形；小羽片矩圆形，基部下侧一片最大，狭矩圆形或条形，常羽状分裂；裂片矩圆形或三角形；叶脉羽状，不明显；叶纸质或薄革质，背面乳白色被柔毛状蜡粉。孢子囊群生于叶边的小脉顶端，圆形，成熟后靠合；囊群盖连续或在裂片间中断，全缘，膜质，白色。

生境与分布　见于北仑、鄞州、奉化、宁海、象山；生于石砌缝隙中。产于杭州、金华及天台；分布于全国各地；东北亚及缅甸、印度、尼泊尔也有。

主要用途　全草入药，有活血调经、补虚止咳、解毒消肿的功效；也可盆栽或配置山石盆景及假山。

* 本科宁波有 3 属 3 种。

041 毛轴碎米蕨

学名 ***Cheilosoria chusana*** (Hook.) Ching et Shing　属名 碎米蕨属

形态特征 植株高 16~35cm。根状茎直立，被黑棕色有棕色狭边的线状披针形鳞片。叶簇生；叶柄长 3~9cm，连同叶轴均为栗黑色或深紫色，疏被鳞片，上面有纵沟，沟两侧有隆起的狭边，狭边上被棕色粗缘毛；叶狭卵形至披针形或倒披针形，长 12~25cm，二回深羽裂；羽片 16~20 对，近对生或互生，疏离，几无柄，三角状披针形，中部的常较大，先端急尖或圆钝，羽状深裂几达羽轴；叶脉羽状，侧脉单一或分叉；叶厚草质。孢子囊群着生于小脉顶端，位于裂片的圆齿上，每齿 1~2 枚；囊群盖圆肾形，由叶边反折而成，膜质。

生境与分布 见于余姚、北仑、鄞州、奉化、宁海、象山；生于石缝中。产于杭州、金华、丽水及开化、乐清；分布于华东、华南、华中、西北、西南；日本、菲律宾、越南也有。

主要用途 全草入药，有止泻利湿、清热解毒、止血的功效。

野雉尾

学名 ***Onychium japonicum*** (Thunb.) Kunze　属名 金粉蕨属

形态特征　植株高30~55cm。根状茎幼时被深棕色、全缘、披针形鳞片，易落。叶近簇生；叶柄长8~18cm，淡禾秆色；叶三角状卵形或卵状披针形，长20~30cm，四回羽状细裂；羽片9~11对，互生，有柄，卵状披针形，基部1对较大；小羽片6~8对，上先出，互生，长圆形至斜卵形，基部的较大，二回羽状；末回小羽片线状披针形，全缘；叶脉在不育裂片上1条，在能育小羽片或裂片上羽状；叶草质。孢子囊群线形；囊群盖短线形，膜质，灰白色，全缘。

生境与分布　见于余姚、北仑、鄞州、奉化、宁海、象山；生于林缘、沟边灌草丛或岩石上。产于全省山地丘陵区；分布于华东、华中、华南、西南及甘肃、河北、陕西；东南亚、南亚、太平洋群岛及日本、朝鲜半岛也有。

主要用途　全草及根状茎入药，有解毒镇痛、清热利湿、收敛止血的功效；也可作地被植物。

铁线蕨科 Adiantaceae*

043 扇叶铁线蕨

学名 *Adiantum flabellulatum* Linn. 属名 铁线蕨属

形态特征 植株高 20~70cm。根状茎短，直立，密被棕色有光泽的线状披针形鳞片。叶簇生；叶柄长 10~50cm，亮紫黑色，基部疏被鳞片；叶扇形至不整齐的阔卵形，长 10~25cm，叶轴二至三回不对称的二叉分枝或鸟足状三叉分枝；羽片条状披针形，中央 1 片最大，羽状；小羽片 8~15 对，互生，有短柄，斜方状椭圆形至扇形，对开式，不育部分有细锯齿，下缘平直，基部阔楔形；叶脉扇形分叉，伸达叶缘；叶坚纸质。孢子囊群着生于小羽片的上缘及外缘的小脉顶端；囊群盖椭圆形，革质，黑褐色，全缘。

生境与分布 见于余姚、镇海、北仑、鄞州、奉化、宁海、象山；生于疏林下或林缘灌丛中。产于舟山、金华、温州及龙泉；分布于华东、西南及湖南、海南；东南亚及日本、印度、斯里兰卡也有。

主要用途 全草入药，味淡、涩，性凉，有清热利湿、祛瘀消肿、止血散结、止咳平喘的功效；可作观赏蕨类植物。

* 本科宁波有 1 属 2 种；本图鉴收录 1 种。

水蕨科 Parkeriaceae*

044 水蕨

学名 ***Ceratopteris thalictroides*** (Linn.) Brongn. 属名 水蕨属

形态特征 植株高 30~80cm。叶簇生，二型；叶柄长 10~40cm；不育叶直立，或幼时漂浮，狭长圆形，长 10~30cm，二至四回羽裂；羽片 4~6 对，互生或近对生，斜展，卵形或长圆形，二回羽裂；小裂片 2~4 对，互生，斜展，斜卵形或长圆形，两侧具长圆形的裂片 1~4；能育叶长圆形或卵状三角形，长 15~40cm，二至三回羽状深裂；末回裂片条形，角果状，边缘薄而透明，反卷达主脉；叶脉网状，网眼狭五角形；叶草质，无毛。孢子囊群沿网脉疏生。

生境与分布 见于慈溪、北仑、鄞州、奉化、宁海、象山；生于池塘、水沟、水田等处。产于湖州、杭州及桐乡；分布于华东、华南、西南及湖北；广布于热带及亚热带各地。

主要用途 国家Ⅱ级重点保护野生植物。全草入药，有散瘀拔毒、镇咳化痰、止血等功效。

* 本科宁波有 1 属 1 种。

裸子蕨科 Hemionitidaceae*

045 普通凤丫蕨

学名 ***Coniogramme intermedia*** Hieron. 属名 凤丫蕨属

形态特征 植株高 55~120cm。根状茎粗而横走，顶端密生黄棕色的披针形鳞片。叶柄长 22~50cm，上面有纵沟，禾秆色；叶卵状长圆形，长 30~60cm，二回奇数羽状；侧生羽片 4~8 对，互生，有柄；基部 1 对最大，卵形；侧生小羽片 2~3 对；第 2 对羽片三叉、二叉或单一，向上各羽片单一，披针形，先端渐尖或尾状渐尖，基部偏斜宽楔形至圆形，顶生羽片与侧生羽片同形；叶脉羽状，侧脉分离，一至二回二叉分枝，小脉顶端的水囊线形，伸入锯齿，不达叶边；叶下面有卷曲的节状毛。孢子囊群沿侧脉着生，向外延伸达距叶边 3~4mm 处。

生境与分布 见于北仑、象山；生于林下或林缘湿润地。产于临安、淳安、庆元；分布于东北、西北、华东、华中、西南及河北、广西；南亚及东北亚、越南也有。

* 本科宁波有 1 属 4 种。

凤丫蕨

学名 ***Coniogramme japonica*** (Thunb.) Diels　　属名 凤丫蕨属

形态特征　植株高 70~110cm。根状茎横走，被棕色披针形鳞片。叶远生；叶柄长 35~50cm，上面有纵沟，禾秆色，基部疏被鳞片；叶长圆状三角形，长 35~55cm，二回奇数羽状，侧生羽片 4~6 对，有柄，互生，基部 1 对最大，卵状长圆形或阔卵形，一回奇数羽状或三出；侧生小羽片 1~5 对，顶生小羽片较宽大；第 2 对羽片三出或单一，向上各对均单一，顶生羽片单一或偶在基部叉裂出 1 片小羽片；叶脉网状，沿主脉两侧各形成 1~3 行的网眼，网眼外的小脉分离，小脉顶端的水囊纺锤形，不达锯齿基部。孢子囊群沿侧脉延伸到近叶边。

生境与分布　见于慈溪、余姚、北仑、鄞州、奉化、宁海、象山；生于林下或林缘。产于全省丘陵山地；分布于华东、华中、华南及陕西、贵州、云南；日本、朝鲜半岛也有。

主要用途　根状茎或全草入药，有清热解毒、消肿凉血、活血止痛、祛风除湿、止咳、强筋骨的功效；也适宜于庭园中栽培，供观赏。

附种　**南岳凤丫蕨 *C. centrochinensis***，羽片为阔披针形，基部多为圆形。见于余姚、北仑、鄞州、奉化、宁海、象山；生于路边阴湿处或沟边林下。

南岳凤丫蕨

047 疏网凤丫蕨

学名 ***Coniogramme wilsonii*** Hieron.　　属名 凤丫蕨属

形态特征　植株高 60~80cm。根状茎横走，顶端有黄棕色披针形鳞片。叶远生；叶柄长 30~40cm，上面有纵沟，禾秆色，基部有鳞片；叶宽卵形，长 35~55cm，二回奇数羽状；侧生羽片 3~5 对，互生，有柄，基部 1 对最大，卵形，奇数羽状或三出；侧生小羽片 1~3 对，互生，几无柄，披针形，基部圆楔形或微心形；顶生小羽片与侧生的同形而较大；叶脉羽状，侧脉一至二回二叉，部分小脉在主脉两侧各形成不完整的 1 行网眼，小脉顶端的水囊仅伸达齿的基部以下；叶草质，无毛；叶轴及羽轴禾秆色。孢子囊群沿侧脉着生，分叉或呈网状。

生境与分布　见于余姚、鄞州、奉化、宁海、象山；生于林下或林缘水边。产于杭州；分布于华中及江苏、安徽、四川、贵州、陕西、甘肃。

书带蕨科 Vittariaceae*

书带蕨

学名 ***Vittaria flexuosa*** Fée　　属名 书带蕨属

形态特征　植株高 15~40cm。根状茎密被钻状披针形鳞片；鳞片黑褐色，先端毛发状，边缘有小齿。叶近生；叶柄极短，或近无柄，基部密被鳞片；叶条形，长 15~38cm，宽 4~8mm，先端渐尖，基部近缩狭并下延几达叶柄基部，全缘；中脉上面略凹下，下面隆起，侧脉不明显，斜向上，并和叶缘的边脉联结成网状；叶革质。孢子囊群着生于叶缘内的浅沟中，远离中脉而露出叶肉，沟的内缘有一条隆起的棱脊，幼时被反卷的叶缘所覆盖。

生境与分布　见于余姚、北仑、鄞州、奉化、宁海、象山；多附生于林下岩石上。产于丽水、温州及开化；分布于华东、华中、华南、西南；日本、印度、尼泊尔和中南半岛也有。

主要用途　全草入药，有清热、舒筋、补虚的功效。

* 本科宁波有 1 属 1 种。

蹄盖蕨科 Athyriaceae*

049 江南短肠蕨

学名 *Allantodia metteniana* (Miq.) Ching　　属名 短肠蕨属

形态特征 植株高 60~70cm。根状茎长而横走，黑褐色，近光滑，仅先端密被褐色、线状披针形鳞片。叶疏生；叶柄基部褐色，向上绿禾秆色，上面有浅纵沟；叶三角状阔披针形，长 25~30cm，先端长渐尖，一回羽状；羽片约 10 对，互生，披针形，基部稍狭成截形，边缘羽裂达 1/2；裂片 13~15 对，半圆形，边缘有浅钝锯齿；叶脉下面羽状，每裂片有小脉 5~7 对，斜向上，单一或基部的偶有二叉。孢子囊群线状，稍弯弓，每裂片上有 2~7 对，生于小脉中部，基部上侧 1 条通常双生；囊群盖线形，灰色，薄膜质，宿存。

生境与分布 见于慈溪、鄞州；生于林下近岩石处。产于丽水及开化、平阳、文成；分布于华东、华南、西南及湖南；日本、越南、泰国也有。

---

* 本科宁波有 8 属 20 种 2 变种；本图鉴收录 14 种。

050 鳞柄短肠蕨

学名 ***Allantodia squamigera*** (Mett.) Ching　属名 短肠蕨属

形态特征 植株高 70~80cm。根状茎直立，顶部密被黑色鳞片。叶簇生；叶柄长 25~35cm，基部密被鳞片，叶轴及羽轴禾秆色，疏被线状披针形的黑棕色鳞片，上面有浅纵沟；叶三角形，长 30~35cm，二回羽状；羽片 8~10 对，下部几对近对生，基部 1 对最大，阔披针形；小羽片矩形，先端钝圆，羽裂深达 2/3 或接近小羽轴；裂片长圆形，先端钝圆，全缘或略有细锯齿；叶脉下面羽状，每裂片有小脉 4~5 对，二叉，斜向上。孢子囊群线形，略弯弓，每裂片有 2~3 对，生于小脉中部；基部上侧 1 条通常双生；囊群盖线形，弯弓，灰棕色，薄膜质，宿存。

生境与分布 见于余姚、北仑、奉化；生于山地阔叶林下。产于丽水及安吉、临安、淳安；分布于华东、华中、西南及山西、陕西、甘肃、广西；日本、朝鲜半岛、印度、克什米尔地区也有。

附种 **淡绿短肠蕨 *A. virescens***，根状茎横走。叶近生或远生；叶先端尾状渐尖并羽裂；小羽片通常披针形；叶脉通常单一。孢子囊群矩圆形，短而直。见于鄞州；生于林下。

淡绿短肠蕨

051 耳羽短肠蕨

学名 ***Allantodia wichurae*** (Wett.) Ching　属名 短肠蕨属

形态特征　植株高 40~60cm。根状茎长而横走，褐色；鳞片线形，深棕色，厚膜质，全缘。叶远生，革质；叶柄向上绿禾秆色，上面有 1 条狭纵沟；叶阔披针形，长 30~35cm，先端深羽裂并为尾状渐尖，一回羽状；羽片 14~18 对，互生，平展，镰刀状披针形，先端渐尖至尾状，基部上方耳状，边缘略呈波状重锯齿。孢子囊群粗线形，通直或略弯弓，生于侧脉中下部；囊群盖粗线形，淡棕色，膜质。

生境与分布　见于镇海、北仑、鄞州、奉化、宁海、象山；生于林下溪边岩石旁或岩洞内。产于杭州及开化、衢江、东阳、仙居、乐清、文成；分布于华东及广东、四川、贵州；日本、朝鲜半岛也有。

052 华东安蕨

学名　***Anisocampium sheareri*** (Bak.) Ching　　属名　安蕨属

形态特征　植株高 45~75cm。根状茎长而横走，顶部疏被棕褐色、披针形鳞片。叶远生；叶柄禾秆色，基部略带褐色，疏生鳞片；叶长圆形或卵状三角形，长 20~25cm，先端长渐尖，一回羽状；羽片镰刀状披针形，边缘浅裂并有刺状尖锯齿，下部羽片分离，上部羽片和叶轴合生；叶脉两面明显。孢子囊群圆形，着生于小脉中部；囊群盖圆肾形，边缘有长毛，早落。

生境与分布　见于慈溪、余姚、北仑、鄞州、宁海、象山；生于山谷林下溪边或阴山坡。产于全省山地丘陵区；分布于华东、华中、华南、西南及甘肃；日本、韩国也有。

053 假蹄盖蕨

学名 ***Athyriopsis japonica*** (Thunb.) Ching　　属名 假蹄盖蕨属

形态特征　植株高 30~50cm。根状茎顶部疏被棕色、阔披针形鳞片。叶远生，草质；叶柄禾秆色，基部疏生红棕色节状卷曲短毛和披针形鳞片；叶狭长圆形至卵状长圆形，长 20~30cm，中部宽 6~10cm，先端渐尖并为羽裂，基部不缩狭，二回深羽裂；羽片约 10 对，互生，斜展，披针形，中部以下的羽片羽状深裂达羽轴两侧的阔翅；裂片长圆形，边缘波状或近全缘；叶脉分离。孢子囊群线形，通常沿侧脉的上侧单生；囊群盖浅棕色，边缘啮蚀状。

生境与分布　见于余姚、北仑、鄞州、宁海、象山；生于林下沟谷湿润处。产于全省各地；分布于长江以南各省区；朝鲜半岛、日本也有。

054 长江蹄盖蕨

学名 ***Athyrium iseanum*** Rosenst.　属名 蹄盖蕨属

形态特征　植株高30~70cm。根状茎短而直立，先端密被褐棕色披针形鳞片。叶簇生；叶柄长12~25cm，淡绿禾秆色；叶长圆形，长18~45cm，先端渐尖，往往有1个芽孢，沿羽轴及主脉上面有贴伏的针状细长软刺，上面均具阔纵沟，下面基部与叶轴交汇处有密腺毛，三回深羽裂；羽片12~20对，互生，有短柄，第2~3对羽片披针形，二回羽裂；小羽片12~14对，基部1对略大，近三角状长圆形，边缘锐裂几达主脉；裂片长圆形，有少量锯齿；叶脉在下面较明显。孢子囊群通常长椭圆形或马蹄形，靠近主脉；囊群盖同形，膜质。

生境与分布　见于余姚、北仑、鄞州；生于林下湿地。产于杭州、丽水及天台；分布于华东、华中、华南、西南；日本、韩国也有。

主要用途　全草入药，味苦，性凉，有解毒、止血的功效。

附种1　日本蹄盖蕨 *A. niponicum*，叶顶部急变狭，并为羽状渐尖的长尾头，中部以上二回羽状或三回羽状；末回裂片条状披针形，边缘具有向内紧靠的尖锯齿。见于余姚、北仑；生于林下或林缘石隙、草丛中。

附种2　华中蹄盖蕨 *A. wardii*，叶先端急缩狭，长渐尖，二回羽裂；羽轴及主脉下面均被淡棕色的短腺毛，沿羽轴顶部的狭边上有短钻状刺。孢子囊群长圆形至短线形。见于余姚；生于山谷林下阴湿处。

日本蹄盖蕨

华中蹄盖蕨

055 菜蕨

学名 ***Callipteris esculenta*** (Retz.) J. Smith　　属名 菜蕨属

形态特征 植株高 50~160cm。根状茎短而直立，密被棕色、披针形鳞片。叶簇生；叶柄棕禾秆色，基部疏被鳞片；叶三角状披针形或阔披针形，长 50~160cm 或更长，先端渐尖并为羽裂，一回或二回羽状；小羽片平展，披针形，先端渐尖，基部截形，两侧稍有耳，边缘有疏齿或浅裂；叶脉在裂片上为羽状，下部 2~3 对通常联结成网状；叶坚草质，羽轴上面有浅沟。孢子囊群线形，着生于全部小脉上，伸达叶边；囊群盖同形，膜质，全缘。

生境与分布 见于余姚、北仑、鄞州、奉化、宁海、象山；常生于水边。产于杭州及龙泉、庆元；分布于华东、华南、西南；太平洋群岛、亚洲其他国家及大洋洲热带也有。

主要用途 幼嫩植株可供食用。

056 角蕨

学名 ***Cornopteris decurrenti-alata*** (Hook.) Nakai　属名 角蕨属

形态特征　植株高 35~70cm。根状茎横走，顶部被褐色、披针形鳞片，老时脱落。叶近生；叶柄长达 40cm，暗绿色，基部略被鳞片；叶卵状长圆形，长 10~40cm，二回羽状或三回羽裂，上面沿叶轴和羽轴交接处有 1 条肉质扁刺；羽片 8~10 对，近对生，深羽裂几达羽轴；裂片阔长圆形，边缘有疏齿呈波状；叶脉分离。孢子囊群长圆形或短线形，通常着生于小脉中部以下；无盖。

生境与分布　见于北仑、鄞州；生于林下或林缘岩石边湿地。产于杭州、丽水；分布于华东、华中、华南、西南；朝鲜半岛、日本、不丹、印度、尼泊尔也有。

057 单叶双盖蕨

学名 ***Diplazium subsinuatum*** (Wall. ex Hook. et Grev.)Tagawa 属名 双盖蕨属

形态特征 植株高15~50cm。根状茎细长而横走，被黑色或褐色披针形鳞片。单叶远生；叶柄长3~20cm，基部被褐色鳞片；叶披针形或条状披针形，长10~40cm，两端渐狭，全缘或稍呈波状；中脉明显，侧脉斜展，每组3~4条，通直，平行，直达叶边。孢子囊群线形，常生于叶上部小脉上侧，单生或偶有双生，常远离中脉；囊群盖膜质，浅褐色。

生境与分布 见于慈溪、余姚、镇海、北仑、鄞州、奉化、宁海、象山；生于林缘或林下溪边湿地或岩石上。产于全省山区、半山区；分布于华东、华南、华中、西南；东南亚、南亚及日本也有。

058 华中介蕨

学名 ***Dryoathyrium okuboanum*** (Makino) Ching 属名 介蕨属

形态特征 植株高达100cm。根状茎粗壮、横走，略被褐色、披针形鳞片。叶近生；叶柄深禾秆色，基部疏被鳞片；叶阔卵状长圆形，长50~70cm，二至三回羽裂；羽片阔披针状长圆形，基部1对显著缩短；小羽叶披针状长圆形，先端尖或钝，基部平截与羽轴合生，并与狭翅相连，边缘锐裂至羽状半裂，裂片长方形，全缘；叶脉分离。孢子囊群圆形，着生于小脉上，沿小羽轴两侧排成1行；囊群盖圆肾形或略呈马蹄形，宿存。

生境与分布 见于北仑、鄞州；生于山谷林下、林缘或沟边。产于杭州、丽水、温州及诸暨；分布于华东、华南、华中、西北、西南；日本也有。

主要用途 全草入药，有清热消肿的功效。

附种 **绿叶介蕨** ***D. viridifrons***，叶薄草质；小羽片基部阔楔形，羽裂深达2/3以上，裂片边缘有钝锯齿。囊群盖新月形或马蹄形。见于余姚、北仑；生于密林下或林缘。

绿叶介蕨

肿足蕨科 Hypodematiaceae*

059 腺毛肿足蕨

学名 ***Hypodemarium glandulosum-pilosum*** (Tagawa) Ohwi 属名 肿足蕨属

形态特征 植株高 12~40cm。叶近生；叶柄棕禾秆色，基部膨大，密被红棕色的阔鳞片；叶卵状五角形，长 7~23cm，先端渐尖并羽裂，基部心形，三至四回羽裂；羽片 7~10 对，互生，斜向上，有柄，基部 1 对最大，卵状长圆形；一回小羽片卵状长圆形；二回小羽片长圆形，基部楔形，下延；裂片长圆形，全缘或下部具圆锯齿；叶脉羽状，两面明显；叶上面疏被灰白色短柔毛，下面毛较长而密并有腺毛，叶轴和各回羽轴密被柔毛和腺毛。孢子囊群圆形，背生于小脉中部；囊群盖圆肾形，灰棕色，密被柔毛，有腺毛。

生境与分布 见于鄞州、奉化；生于山谷岩石缝中。产于开化；分布于江苏、福建、河南；日本、韩国、泰国也有。

* 本科宁波有 1 属 1 种。

金星蕨科 Thelypteridaceae*

060 渐尖毛蕨

学名 *Cyclosorus acuminatus* (Houtt.) Nakai 属名 毛蕨属

形态特征 株高 75~140cm。根状茎长而横走，疏被棕色、披针形鳞片。叶远生，纸质；叶柄深禾秆色；叶披针形，长 40~100cm，先端尾状渐尖，二回羽裂；羽片 15~30 对，互生，或下部的近对生，下部数对不缩狭或略缩短，常反折，中部的羽裂达 1/3~2/3，裂片斜向上，长圆形；叶脉羽状，侧脉每裂片 7~8 对，基部 1 对交结，第 2 对伸达缺刻底部的透明膜。孢子囊群圆形，着生于侧脉中部稍上处；囊群盖大，圆肾形，密生柔毛。

生境与分布 见于慈溪、余姚、镇海、北仑、鄞州、奉化、宁海、象山；生于山坡林下、路边、石隙中。产于全省各地；分布于华东、华南、华中、西南及甘肃、陕西；日本、韩国、菲律宾也有。

主要用途 全草入药，有清热、健脾、镇惊解毒的功效。

附种 短尖毛蕨 *C. subacutus*，叶柄及叶背密被短柔毛；羽片 6~12 对，下部 2~3 对略缩短。见于北仑、象山；生于林下岩石旁。

短尖毛蕨

* 本种宁波有 7 属 15 种 1 变种；本图鉴收录 13 种 1 变种。

061 羽裂圣蕨

学名 ***Dictyocline wilfordii*** (Hook.) J. Smith　　属名 圣蕨属

形态特征　植株高 30~50cm。根状茎短而斜升，密被棕褐色、质厚的披针形鳞片，鳞片外面被刚毛。叶簇生，纸质；叶柄长 10~25cm，禾秆色；叶三角形或长圆状三角形，长 15~25cm，先端短尖或短渐尖，基部心形，一回深羽裂几达叶轴；基部 1 对裂片最大，全缘或波状，略向上弯弓，向上的裂片渐短；叶脉网状；叶粗糙，上面密生短刚毛，小羽轴上更密，下面沿叶脉有短刚毛或针状毛。孢子囊群线形，沿网脉着生；无盖。

生境与分布　见于鄞州；生于林下或林缘湿地。产于庆元、苍南；分布于华东、华南、西南；日本、越南也有。

主要用途　根状茎入药，用于枯痨内伤；可盆栽供观赏。

峨眉茯蕨

学名 ***Leptogramma scallanii*** (Christ) Ching　　属名 茯蕨属

形态特征　植株高 13~40cm。根状茎直立，顶端密被红棕色鳞片。叶簇生；叶柄长 5~21cm，密生针状长毛或短刚毛；叶长圆形，长 8~19cm，先端长渐尖并为羽裂，基部不缩狭，二回羽裂；羽片 8~12 对，互生，长圆形或长圆状披针形，基部 1 对羽片与其上的近等大；叶脉分离，伸达叶边。孢子囊群长圆形，沿小脉着生，稍短于小脉；无盖。

生境与分布　见于北仑、鄞州；生于林下湿地或沟谷石缝中。产于丽水及临安、诸暨、泰顺；分布于华东、西南及湖南、广东、广西；越南也有。

附种　**小叶茯蕨**（尾叶茯蕨）***L. tottoides***，叶戟形；基部 1 对羽片较其上的长，第 2 对羽片突然缩短。见于余姚、象山；生于林下岩石上。

小叶茯蕨 尾叶茯蕨

063 雅致针毛蕨

学名 ***Macrothelypteris oligophlebia*** (Bak.) Ching var. ***elegans*** (Koidz.) Ching 属名 针毛蕨属

形态特征 植株高 60~150cm。根状茎连同叶柄基部被深棕色的披针形、边缘具疏毛的鳞片。叶簇生，薄草质；叶柄长 30~70cm；叶几与叶柄等长，下部宽 30~45cm，三角状卵形，先端渐尖并羽裂，三回羽裂，两面无毛或沿脉有疏柔毛，偶见少数针毛；羽片约 14 对，基部 1 对较大，二回羽裂；小羽片 15~20 对，中部的较大，深羽裂几达小羽轴；裂片 10~15 对，基部沿小羽轴彼此以狭翅相连，边缘全缘或锐裂；叶脉下面明显；叶轴和羽轴上面疏被短毛，有时密生针状毛，叶上面被少数长毛，或淡黄色球形腺体。孢子囊群小，无毛，圆形，每裂片 3~6 对，生于侧脉的近顶部；囊群盖小，圆肾形，成熟时脱落或隐没于囊群中。

生境与分布 见于余姚、北仑、奉化、象山；生于林下或林缘。产于全省山地丘陵区；分布于华东、华中、华南及贵州；日本、韩国也有。

主要用途 根状茎入药，有清热解毒、利水消肿的功效。

附种 1 普通针毛蕨 ***M. torresiana***，叶下面被多数白色、伏生的多细胞长针状毛；叶轴及一回羽轴上面密被刚毛。见于余姚、北仑、鄞州、象山；生于林下或林缘。

附种 2 翠绿针毛蕨 ***M. viridifrons***，叶四回羽裂；叶下面被多数白色、伏生多细胞针状长毛。见于余姚、北仑、鄞州、宁海、象山；生于林下或林缘。

普通针毛蕨

翠绿针毛蕨

064 林下凸轴蕨

学名 ***Metathelypteris hattorii*** (H. Ito) Ching　属名 凸轴蕨属

形态特征　植株高 40~95cm。根状茎短而横卧，顶部被红褐色披针形鳞片和灰白色刚毛。叶近簇生；叶柄基部密生刚毛和红褐色鳞片；叶卵状三角形，长 24~50cm，先端长渐尖，三回羽状深裂；羽片 10~12 对，下部的近对生，基部 1 对较大，卵状披针形，边缘羽裂 2/3；小羽片长圆状披针形，羽状浅裂；裂片斜向上，长圆形，先端钝圆，全缘；叶脉羽状，不达叶边；叶两面被柔毛，羽轴上面圆形且隆起。孢子囊群小，圆形，着生在裂片基部上侧一脉的顶端；囊群盖圆肾形，疏被柔毛。

生境与分布　见于余姚、北仑、鄞州；生于山谷林下。产于丽水及临安、淳安；分布于华东及湖南、广西、四川；日本也有。

附种　**疏羽凸轴蕨 *M. laxa***，叶远生；叶披针状长圆形或长圆形，二回羽状深裂。见于余姚、北仑、鄞州；生于林下、林缘。

疏羽凸轴蕨

065 金星蕨

学名 ***Parathelypteris glanduligera*** (Kunze) Ching　　属名 金星蕨属

形态特征 植株高35~70cm。根状茎长而横走，顶部疏被黄褐色、披针形鳞片。叶柄禾秆色，连同叶轴、羽轴密被短针状毛；叶披针形或长圆状披针形，长20~35cm，基部不变狭，二回深羽裂；羽片12~20对，近基部最大，披针形；裂片全育；叶脉伸达叶边；叶厚草质，下面被橙黄色球形腺体及短柔毛，叶轴、羽轴两面有短针状毛。孢子囊群靠近叶边；囊群盖圆肾形，被灰白色刚毛。

生境与分布 见于慈溪、余姚、北仑、鄞州、奉化、宁海、象山；生于林下及林缘。产于全省各地；分布于华东、华南、华中、西南；韩国、日本、越南、尼泊尔也有。

主要用途 叶入药，味苦，性寒，有消炎止血、止痢的功效。

066 日本金星蕨

学名 ***Parathelypteris japonica*** (Bak.) Ching　属名 金星蕨属

形态特征　植株高 50~60cm。根状茎短，疏被棕色的披针形鳞片。叶近生或簇生，薄草质；叶柄长 25~30cm，连同叶轴常为栗褐色；叶卵状长圆形，长 30~35cm，先端长渐尖并为羽裂，基部不缩狭，二回深羽裂，下面被灰白色疏柔毛和橙色球形腺体；羽片 8~14 对，中部的较大，披针形，羽裂深达羽轴两侧的狭翅；裂片上部常不育。孢子囊群圆形，着生于侧脉中部以上，较靠近叶边；囊群盖圆肾形，有灰白色柔毛。

生境与分布　见于余姚、北仑、鄞州、奉化、象山；生于林缘或林下。产于全省丘陵山地；分布于华东、西南及湖南；韩国、日本也有。

附种　**中华金星蕨** ***P. chinensis***，羽片宽约 1cm，下面无毛。囊群盖无毛。见于余姚、北仑、鄞州、宁海、象山；生于山谷林下阴湿处或林区空旷地上。产于杭州及开化、遂昌、缙云；分布于华东、西南及湖南、广西。

中华金星蕨

067 延羽卵果蕨

学名 ***Phegopteris decursive-pinnata*** (van Hall) Fée　　属名 卵果蕨属

形态特征　植株高30~80cm。根状茎短而直立，被狭披针形、有缘毛的鳞片。叶簇生；叶柄长5~25cm，禾秆色；叶披针形或椭圆状披针形，长25~55cm，先端渐尖并为羽裂，下部近缩狭，一回羽状至二回羽裂；羽片狭披针形，中部的最大，基部以耳状或钝三角的翅彼此相连，边缘齿状锐裂至半裂，下部数对逐渐缩短，基部1对常缩成耳形；叶脉羽状，小脉单一，伸达叶边。孢子囊群近圆形，着生于小脉近顶端；无盖。

生境与分布　见于全市各地；生于山坡林下、溪边岩石上或林缘潮湿处。产于全省平原、丘陵和山地；分布于华东、华中、华南、西南及甘肃、陕西；日本、韩国、越南也有。

主要用途　全草入药，有清热解毒、消肿利尿的功效。

铁角蕨科 Aspleniaceae*

068 华南铁角蕨

学名 *Asplenium austro-chinense* Ching　　属名 铁角蕨属

形态特征 植株高 18~40cm。根状茎短，密被淡棕色、披针形鳞片。叶簇生，坚纸质；叶柄长 7~18cm，灰褐色或灰禾秆色，基部密被鳞片，羽轴两侧有狭翅；叶披针形或阔披针形，长 11~22cm，先端渐尖并为羽裂，基部不缩狭，二回羽状至三回羽裂；羽片 9~11 对，互生，披针形，先端渐尖成长尾，一回羽状；小羽片匙形，先端浅裂成长短不等的粗钝齿；叶脉上面隆起，侧脉二叉或单一。孢子囊群线形，生于小脉中部，每裂片有 1~3 枚；囊群盖线形，厚膜质。

生境与分布 见于余姚、北仑、鄞州、宁海、象山；生于林下岩石上。产于临安、淳安、遂昌、平阳；分布于华中、西南及安徽、福建、广西、广东；日本、越南也有。

* 本科宁波有 2 属 11 种。

069 骨碎补铁角蕨

学名 ***Asplenium davallioides*** Hook.　　属名 铁角蕨属

形态特征　植株高 20~40cm。根状茎短而斜升，顶端被棕褐色、披针形、先端尾状渐尖的鳞片。叶簇生，纸质或草质；叶柄长 10~20cm，禾秆色，羽轴两侧连同叶柄上部均有狭翅；叶卵形或三角状卵形，长 10~21cm，三至四回羽状深裂；羽卵形至卵状披针形，二至三回羽状深裂；末回裂片披针形，锐尖头；叶脉羽状，每一末回裂片上均有 1 脉。孢子囊群长圆形，着生小脉上部，开向中脉；囊群盖圆形，膜质，近全缘。

生境与分布　见于北仑、鄞州、奉化；生于林下岩石上。产于诸暨、乐清；分布于福建、台湾；日本、朝鲜半岛也有。

070 虎尾铁角蕨

学名 ***Asplenium incisum*** Thunb. 属名 铁角蕨属

形态特征 植株高达30cm。根状茎短而直立，顶部被黑褐色的狭披针形鳞片。叶簇生，薄草质；叶柄长1~3cm，栗色或红棕色，上面有1条纵沟；叶阔披针形，长10~25cm，先端渐尖，基部渐变狭，二回羽裂至近二回羽状；羽片上部的较大，长8~30mm，三角状披针形或披针形，下部羽片逐渐缩短成卵形或半圆形。孢子囊群长圆形，着生于小脉上侧分枝近基部，靠近中脉；囊群盖长圆形。

生境与分布 见于全市各地；生于石缝岩隙中。产于全省各地；分布于华东、华中、华北、西南、东北及广东；东北亚也有。

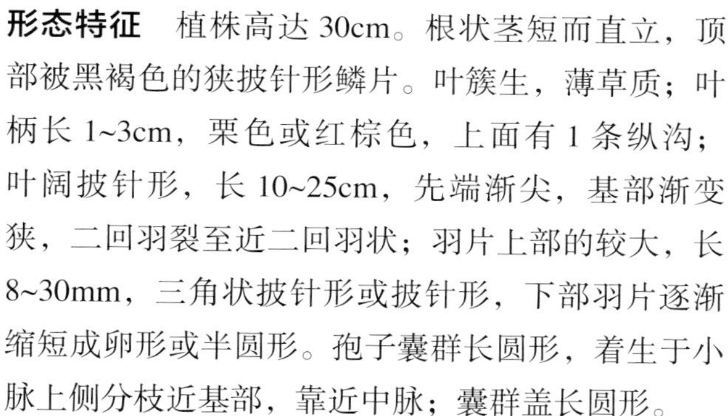

071 倒挂铁角蕨

学名 ***Asplenium normale*** Don　　属名 铁角蕨属

形态特征 植株高15~40cm。根状茎短，密被鳞片。叶簇生，草质或近纸质；叶柄长2.5~10cm，栗褐色或紫黑色，有光泽，叶轴上面有浅沟，顶端常有1枚被鳞片的芽孢；叶披针形，长9.5~20cm，一回羽状；羽片长圆形或三角状长圆形，中部的长1~1.6cm，先端钝，基部不对称，上侧有耳状凸起。孢子囊群长圆形，着生于小脉中部以上，靠近叶边，沿中脉两侧排成平行而不等的2行；囊群盖长圆形，开向中脉。

生境与分布 见于北仑、鄞州、宁海、象山；生于林下岩石上。产于杭州及开化、武义、庆元、龙泉、乐清、平阳；分布于华东、华南、西南及湖南；非洲、太平洋群岛、亚洲东部和南部及澳大利亚也有。

072 北京铁角蕨

学名 ***Asplenium pekinense*** Hance　　属名 铁角蕨属

形态特征　植株高 10~20cm。根状茎短而直立，顶部密被锈褐色鳞毛和黑褐色、狭长披针形鳞片。叶簇生，纸质；叶柄长 2~5mm，淡绿色；叶披针形，长 6~15cm，先端渐尖并为羽裂，基部 1~2 对羽片略缩短，二回羽状或三回羽裂，叶轴和羽轴两侧有狭翅；羽片三角状长圆形；末回裂片线形或短舌形，先端有 2~3 个尖齿。孢子囊线形或长圆形，成熟时往往满布叶下面；囊群盖长圆形，膜质，全缘。

生境与分布　见于余姚、镇海、北仑、鄞州、宁海、象山；生于岩石缝隙或岩石上。产于全省丘陵山地；分布于华东、华南、华北、西北、西南及河南、辽宁；东北亚及巴基斯坦、印度也有。

主要用途　全草入药，味甘、微辛，性温，有止咳化痰、止泻、止血的功效。

073 长生铁角蕨

学名 ***Asplenium prolongatum*** Hook.　　属名 铁角蕨属

形态特征 植株高 15~40cm。根状茎短而直立，顶部密被边缘有齿的披针形鳞片。叶簇生，厚草质；叶柄长 8~15cm，绿色，上面有 1 条纵沟，叶轴顶端常延长呈鞭状，顶端有 1 枚被鳞片的芽孢，着地能萌生新株；叶线状披针形，长 15~25cm，先端渐尖，基部不变狭，二回深羽裂；羽片 12~15 对，互生，狭长圆形，先端圆钝，基部不对称，羽状；小羽片 3~4 对，互生，条形，先端钝，基部与羽轴合生并下延成狭翅；叶脉羽状，上面隆起，每裂片有 1 条小脉。孢子囊群线形，着生于小脉中部；囊群盖硬膜质，全缘，开向羽轴。

生境与分布 见于宁海、象山；生于林下、林缘岩石壁上或石墙缝隙中。产于丽水、温州；分布于华东、华中、华南、西南及甘肃、河北；东南亚、南亚、太平洋群岛及日本、韩国也有。

主要用途 全草入药，有清热解毒、止咳化痰，止血生肌的功效；可作观赏蕨类。

074 华中铁角蕨

学名 ***Asplenium sarelii*** Hook. ex Blakiston　　属名 铁角蕨属

形态特征 植株高 7~28cm。根状茎短而直立，顶部密被黑褐色、边缘有疏齿的披针形鳞片。叶簇生，多草质；叶柄长 2~11cm，基部淡褐色，被纤维状小鳞片；叶长圆形，长 5~17cm，先端渐尖并为羽裂，基部不缩狭，三回羽状；羽片 4~8 对，互生，斜向上，阔卵形至卵状长圆形，向上各羽片渐小；末回小羽片倒卵形，边缘浅裂或深裂；裂片线形，顶部有粗齿；叶脉羽状，侧脉二叉。孢子囊群长圆形，着生于小脉中部；囊群盖同形，全缘。

生境与分布 见于镇海、北仑、鄞州、宁海、象山；生于岩石上。产于杭州、金华及开化、天台、遂昌、庆元、乐清；分布于华中、西南及陕西、安徽、江苏；东北亚及越南也有。

主要用途 全草入药，有清热、利湿、止咳等功效。

075 铁角蕨

学名 ***Asplenium trichomanes*** Linn.　　属名 铁角蕨属

形态特征　植株高5~38cm。根状茎短，直立，顶部密被黑褐色线状披针形鳞片。叶簇生，纸质；叶柄长0.5~8cm，栗褐色，有光泽，连同叶轴上面有1纵沟，沟的两侧各有1条全缘的膜质狭翅；叶条形，长4.5~30cm，先端渐尖，基部略变狭，一回羽状；羽片长圆形或斜卵形，中部的较大，长达1cm，先端圆，基部为不对称的圆楔形。孢子囊群长圆形，着生于小脉上侧分枝的中部；囊群盖长圆形。

生境与分布　见于余姚、北仑、鄞州、奉化、宁海、象山；生于岩石上或石缝中。产于杭州、金华、丽水及开化；分布于华东、华中、华南、西北、西南及山西；温带、亚热带及热带山地广布。

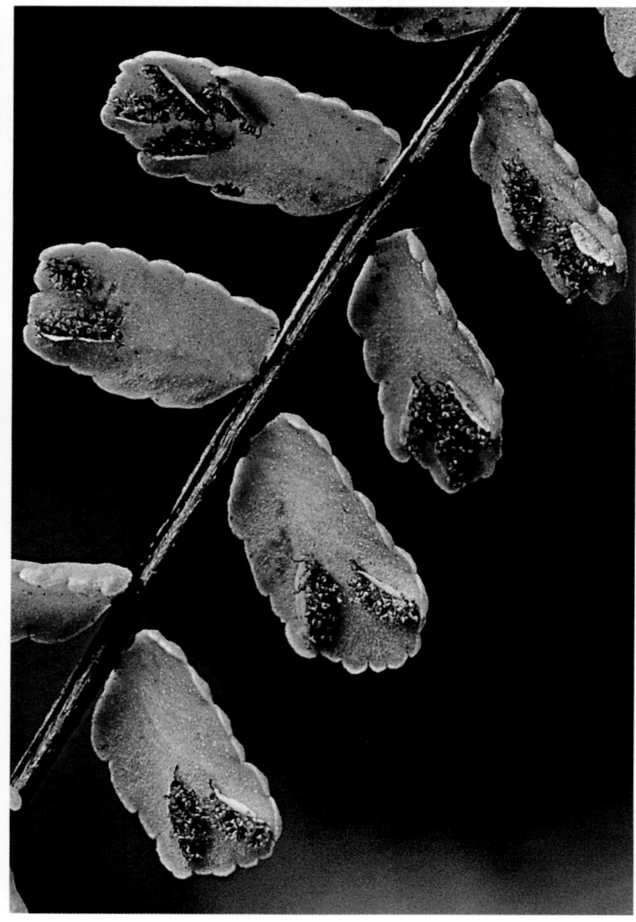

076 闽浙铁角蕨

学名 ***Asplenium wilfordii*** Mett. ex Kuhn　　属名 铁角蕨属

形态特征　植株高 23~40cm。根状茎粗短，顶部密被棕色、披针形鳞片。叶簇生；叶柄长 9~14cm，灰褐色或禾秆色，疏生鳞片，上面有纵沟；叶长圆状披针形，长 14~26cm，先端短渐尖，三回羽状四回羽裂；羽片 8~12 对，互生，有柄，卵状披针形，先端渐尖；末回小羽片舌形，先端钝，基部长楔形，下延，2~3 深裂，裂片线形，有 2~3 个不整齐钝齿。孢子囊群线形，生于小脉中部；囊群盖线形，厚膜质，全缘。

生境与分布　见于余姚、北仑、鄞州、奉化、宁海、象山；生于林下石上。产于丽水及淳安、武义、乐清、苍南；分布于江西、福建、台湾；日本、朝鲜半岛也有。

077 狭翅铁角蕨

学名 ***Asplenium wrightii*** Eaton ex Hook. 属名 铁角蕨属

形态特征 植株高可达1m。根状茎短，斜升，密被线状披针形鳞片。叶簇生，稍肉质；叶柄长20~32cm，淡绿色或稍带栗色，上面有纵沟，叶轴有狭翅；叶长圆形，长30~80cm，先端尾状渐尖并为羽裂，基部不缩狭，一回羽状；羽片披针形或镰刀状披针形，尾状渐尖头，基部不对称，并以狭翅下延，上侧圆截形或稍呈耳状，下侧楔形，边缘密生粗锯齿或重锯齿。孢子囊群线形，沿中脉两侧各排成1行，囊群盖线形，膜质，全缘。

生境与分布 见于北仑、鄞州、奉化、宁海、象山；生于林下岩石边。产于丽水及开化、泰顺、文成；分布于华东、华南、西南及湖南；日本、朝鲜半岛、菲律宾、越南也有。

078 过山蕨

学名 ***Camptosorus sibiricus*** Rupr. 属名 过山蕨属

形态特征 植株高 20cm。根状茎短小，直立，先端密被黑褐色披针形小鳞片。叶簇生，草质，干后暗绿色；不育叶较小，椭圆形；能育叶较大，披针形，长 10~15cm，宽 5~10mm，全缘或略呈波状，基部以狭翅下延于叶柄，先端延伸成呈鞭状，末端稍卷曲，能着地生根无性繁殖；叶脉网状，有网眼 1~3 行。孢子囊群线形或椭圆形，在主脉两侧各形成不整齐的 1~3 行；囊群盖狭条形，膜质，灰绿色或浅棕色。

生境与分布 见于余姚四明山；生于海拔 730m 的岩石壁上。分布于东北、华北、华东及陕西、河南、广东；东北亚也有。本次调查发现的浙江省分布新记录植物。

球子蕨科 Onocleaceae*

079 东方荚果蕨

学名 ***Pentarhizidium orientale*** (Hook.) Hayata　属名 荚果蕨属

形态特征 植株高 60~110cm。根状茎密被棕色、全缘的披针形鳞片。叶簇生，二型，纸质；不育叶叶柄长 25~45cm，长圆形，长 35~65cm，先端渐尖，二回羽状深裂；羽片 9~18 对，互生，条状披针形，先端渐尖；裂片长圆形，先端急尖或钝，边缘略具钝齿；能育叶和不育叶近等长，长圆形，一回羽状；羽片呈荚果状。孢子囊群成熟时汇合成线形；囊群盖膜质。

生境与分布 见于余姚；生于林下或林缘。产于金华、丽水及安吉、德清、临安、淳安；分布于华东、华中、西南及甘肃、陕西、广西；东北亚及印度也有。

主要用途 根状茎可入药；株形优美可供观赏。

---

* 本科宁波有 1 属 1 种。

乌毛蕨科 Blechnaceae*

080 乌毛蕨

学名 ***Blechnum orientale*** Linn. 属名 乌毛蕨属

形态特征 植株高 0.5~1.5m。根状茎直立，粗短，木质，顶端密被黑褐色钻形鳞片；叶簇生，近革质，干后棕色；叶柄长 20~50cm，棕禾秆色，坚硬；叶长圆状披针形，长可达 1m，一回羽状；羽片多数，互生，无柄，先端长渐尖，基部圆楔形，全缘或呈微波状；叶脉羽状，小脉分离，单一或二叉，平行。孢子囊群线形，紧靠中脉两侧；囊群盖线形，开向主脉。

生境与分布 北仑有栽培。产于温州；分布于华东、华南、西南；日本、马来西亚、印度、斯里兰卡、澳大利亚也有。

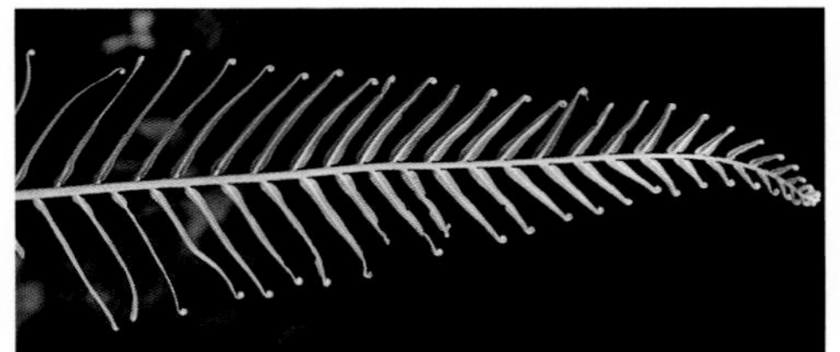

* 本科宁波有 2 属 3 种，其中人工栽培 1 属 1 种。

081 狗脊

学名 ***Woodwardia japonica*** (Linn. f.) Smith　属名 狗脊属

形态特征　植株高可达130cm。根状茎密被红棕色的披针形鳞片。叶簇生，革质，沿叶轴和羽轴有红棕色鳞片；叶柄长20~50cm，深禾秆色，密被鳞片；叶长圆形或卵状披针形，长30~80cm，先端渐尖并为深羽裂，基部不缩狭，二回羽裂；羽片7~13对，披针形或条状披针形，先端渐尖，边缘羽裂达1/2或较深；裂片基部下侧的缩短成圆耳形，边缘具细锯齿；沿中脉两侧各有1~2行长圆形网眼，网眼外侧的小脉分离，伸达叶边。孢子囊群线形；囊群盖线形，通直，开向中脉。

生境与分布　见于全市各地；生于山坡林地及溪沟两旁的阴湿处，为酸性土指示植物。产于全省山地丘陵区；分布于华东、华中、华南、西南；日本、朝鲜半岛、越南也有。

主要用途　根状茎入药，味苦，性凉，有清热解毒、杀虫、散瘀的功效。

082 胎生狗脊

学名 ***Woodwardia prolifera*** Hook. et Arn. **属名** 狗脊属

形态特征 植株高70~135cm或更高。根状茎粗短，斜升，密被红棕色卵状披针形鳞片。叶近簇生，革质，上面常有许多小芽孢，着生于裂片的主脉两侧网眼的交叉点上，脱离母体后能长成新植株；叶柄长35~50cm，深禾秆色；叶卵状长圆形，长35~120cm，先端渐尖并为深羽裂，基部不缩狭，二回羽状深裂；羽片7~12对，披针形；裂片极斜向上，沿羽轴向上渐缩短，条状披针形，边缘通常在中部以上具有细尖锯齿；叶脉网状。孢子囊群近新月形，顶端略向外弯，着生于裂片的中脉两侧网脉上；囊群盖近新月形，开向中脉。

生境与分布 见于慈溪、余姚、镇海、北仑、鄞州、奉化、宁海、象山；生于山地丘陵区。产于舟山经宁波、临安一线以南各地；分布于华东、华南及湖南；日本也有。

主要用途 根状茎入药，味苦，性寒，有强腰膝、补肝肾、除风湿的功效；中亚热带园林绿化植物。

鳞毛蕨科 Dryopteridaceae*

083 斜方复叶耳蕨

学名 ***Arachniodes amabilis*** (Blume) Tindale 属名 复叶耳蕨属

形态特征 植株高 50~80cm。根状茎横卧，密被鳞片。叶远生或近生；叶柄长 25~45cm，基部密被鳞片；叶卵状长圆形或卵状三角形，先端尾状，即顶生羽片与其下侧生羽片同形，三回羽状至四回羽裂；侧生羽片 5~7 对，互生，基部 1 对最大，其基部下侧一片小羽片特长；小羽片斜方形，基部上侧呈三角状凸起，下侧斜切，边缘有芒刺状锯齿。孢子囊群着生于小脉顶端，靠近叶边；囊群盖圆肾形，边缘有睫毛。

生境与分布 见于慈溪、余姚、镇海、北仑、鄞州、奉化、宁海、象山；生于林下。产于杭州、金华、丽水、温州及诸暨、普陀、开化、江山；分布于华东、华中、华南、西南；日本、缅甸、尼泊尔、印度及喜马拉雅也有。

主要用途 根状茎入药，有祛风散寒的功效；可供观赏。

附种 **长尾复叶耳蕨 *A. simplicior***，叶先端突缩呈狭长尾状，小羽片长圆形，先端具钝头，下面沿叶轴、羽轴及叶脉有小鳞片。见于余姚、北仑、鄞州、奉化、宁海、象山；生于林下阴湿处。

长尾复叶耳蕨

* 本科宁波有 5 属 39 种 2 变种 1 变型；本图鉴收录 29 种 2 变种 1 变型。

084 美丽复叶耳蕨

学名 ***Arachniodes amoena*** (Ching) Ching　　属名 复叶耳蕨属

形态特征　植株高 60~90cm。根状茎长而横走，密被鳞片；鳞片深棕色，质厚，卵状披针形，有光泽。叶近生或远生，叶轴苍绿色；叶柄长 30~60cm，禾秆色；叶近五角形，长 30~45cm，先端狭缩呈尾状，三回或四回羽状；侧生羽片 3~6 对，互生，有柄，基部 1 对最大，近三角形，基部下侧一小羽片尤长；末回小羽片斜方状长圆形，通常上侧深裂，基部不突出，下侧具粗齿；裂片先端具少数芒刺状粗齿。孢子囊群圆形，通常着生于小脉顶端，较靠近小羽片上侧边；囊群盖圆肾形，全缘。

生境与分布　见于余姚、镇海、北仑、鄞州、奉化、宁海、象山；生于林下。产于杭州、丽水及开化、天台、文成；分布于华东、华中、华南、西南及甘肃；南亚及日本、新几内亚岛、泰国、越南也有。

主要用途　全草入药，用于治疗风湿寒性关节痛；可供观赏。

085 刺头复叶耳蕨

学名 ***Arachniodes aristata*** (G. Forster) Tindale　属名 复叶耳蕨属

形态特征　植株高 30~90cm。根状茎长而横走，密被棕色或棕褐色的钻形鳞片。叶柄长 15~50cm，连同叶轴和羽轴常被棕色或棕褐色、线状钻形小鳞片；叶革质，近三角形或卵状三角形，长 20~35cm，顶部突然狭缩呈三角形长渐尖头，三回羽状；羽片 5~8 对，基部 1 对最大；末回小羽片长圆形，基部上侧略呈耳状凸起或为分离的耳片，边缘浅裂或具长芒刺状锯齿。孢子囊群圆形，着生于小脉顶端；囊群盖圆肾形，早落。

生境与分布　见于全市丘陵山地；生于林下。产于杭州、金华、温州及普陀、开化、江山、遂昌、龙泉；分布于华东、华南及湖南。

主要用途　根状茎入药，味微苦、涩、性凉，有清热利湿、消炎止痛的功效；可供观赏。

086 鞭叶蕨

学名 ***Cyrtomidictyum lepidocaulon*** (Hook.) Ching　属名 鞭叶蕨属

形态特征　植株长可达1m。根状茎被棕色、阔卵形、具缘毛的鳞片。叶簇生，二型，厚纸质；不育叶较长，叶轴顶端延伸成一无叶具鳞片的鞭状匍匐茎，顶端的芽孢着地生根成新株；能育叶长圆形至宽长圆披针形，长13~40cm，一回羽状；羽片镰刀状披针形，基部上侧为三角形耳状凸起，下侧斜切，全缘；中脉明显，侧脉基部上侧一脉不达叶边。孢子囊群圆形，无盖，在主脉两侧各排成2~3行。

生境与分布　见于余姚、北仑、鄞州、奉化、宁海、象山；生于林缘阴湿处或水沟边。产于杭州、舟山、温州及诸暨；分布于华东及湖南、广西；日本、韩国也有。

附种　**普陀鞭叶蕨** ***C. faberi***，能育叶的羽片每组侧脉均伸达叶边；孢子囊群在主脉两侧通常各1列。见于北仑、鄞州、奉化、象山；生于林缘岩石边或林下。

普陀鞭叶蕨

087 镰羽贯众

学名 ***Cytromium balansae*** (Christ) C. Chr.　　属名 贯众属

形态特征　植株高30~60cm。根状茎直立或斜升，顶部密被棕色阔披针形鳞片。叶簇生；叶披针形，厚纸质，长20~40cm，先端羽裂渐尖，一回羽状，下面疏被纤维状小鳞片；羽片10~15对，近无柄，镰刀状斜卵形或镰刀状披针形，下部的较大，长5~8cm，先端渐尖，基部上侧呈三角状耳形，上侧楔形，边缘略具细齿或中部以上有疏尖齿；叶脉网状。孢子囊群圆形，着生于内藏小脉中部或上部；囊群盖圆盾形，全缘。

生境与分布　见于余姚、北仑、鄞州、宁海、象山；生于林下岩石边。产于杭州、金华、丽水、温州及诸暨、开化；分布于华东、华南及湖南、贵州；越南、日本也有。

主要用途　根状茎入药，味苦，性寒，有清热解毒、驱虫的功效。

088 披针贯众

学名 ***Cyrtomium devexiscapulae*** (Koidz.) Koidz. et Ching　**属名** 贯众属

形态特征　植株高 35~105cm。根茎直立。叶簇生，革质；基部禾秆色，密生卵形及披针形棕色鳞片，鳞片边缘流苏状；叶卵状披针形，34~55cm，奇数一回羽状；侧生羽片 7~10 对，互生，披针形，先端渐尖成尾状，基部为略偏斜的宽楔形，边缘全缘；具羽状脉，小脉联结成 3~7 行网眼，腹面不明显，背面微凸起。孢子囊群遍布羽片背面；囊群盖圆形，盾状，全缘。

生境与分布　见于北仑、宁海、象山；生于滨海丘陵沟谷林下阴湿处。产于普陀、瓯海、泰顺；分布于华东、华南、西南；日本、韩国、越南也有。

089 全缘贯众

学名 *Cyrtomium falcatum* (Linn. f.) Presl 属名 贯众属

形态特征 植株高 30~70cm。根状茎粗短直立，密被棕褐色阔卵形或卵形鳞片。叶簇生；叶长圆状披针形，革质，长 10~30cm，奇数一回羽状，顶生羽片常分离，沿叶轴有少数纤维状小鳞片；羽片卵状镰刀形，基部圆形或上侧多少呈耳状凸起，下侧圆楔形，全缘，边缘加厚；叶脉网状。孢子囊群圆形，着生于内藏小脉的中部；囊群盖圆盾形，边缘略有微齿。

生境与分布 见于慈溪、镇海、北仑、宁海、象山；生于海岛上的岩石或邻海草坡上。产于舟山、温州；分布于华东及辽宁、广东；太平洋群岛及印度、日本、朝鲜半岛也有。

附种 锐齿贯众 form. ***acutidens***，叶缘具粗锐锯齿。见于象山；生于海岛岩石缝中。本次调查发现的中国分布新记录植物。

锐齿贯众

090 贯众

学名 ***Cytomium fortunei*** J. Smith 属名 贯众属

形态特征 植株高 30~60cm。根状茎粗短，直立或斜升，密被阔卵形或披针形鳞片。叶簇生，革质；叶长圆状披针形或披针形，长 15~40cm，一回羽状，顶生羽片常分离，沿叶轴、羽轴和中脉下面被少数小鳞片；羽片 10~20 对，有短柄，镰刀状卵形或镰刀状披针形，基部圆形或上侧呈三角状耳形凸起，下侧圆楔形至斜切，边缘不增厚，有锯齿。孢子囊群圆形，着生于内藏小脉中部或近顶端；囊群盖圆盾形。

生境与分布 见于全市各地；生于水沟边、石缝或山坡、山谷阴湿的林下。产于全省山地丘陵；分布于华东、华中、华南、华北、西北、西南；日本、朝鲜半岛、越南、泰国也有。

附种 1 **阔羽贯众 *C. yamamotoi***，羽片 7~9 对，镰刀状阔披针形，长可达 14cm，基部宽约 5cm，边缘有不整齐尖锯齿。见于宁海；生于山坡林下。

附种 2 **粗齿阔羽贯众** var. ***intermedium***，羽片基部上侧近圆形，边缘具粗齿或锐裂，裂片上有钝或尖的细锯齿。见于鄞州；生于林下。

阔羽贯众

粗齿阔羽贯众

091 阔鳞鳞毛蕨

学名 ***Dryopteris championii*** (Benth.) C. Chr. ex Ching　**属名** 鳞毛蕨属

形态特征 植株高约80cm。根状茎短而直立。叶柄长34~38cm，连同叶轴初时被极密的红棕色阔披针形大鳞片，后变稀疏，羽轴下面被较密的红棕色披针形、基部常呈泡状或囊状的鳞片；叶纸质，狭长圆形，长达42cm，二回羽状；羽片约15对，镰刀状披针形；小羽片镰刀状披针形，急尖头，基部圆形，两侧耳状突出；上部羽片同形。孢子囊群每小羽片5~8对；囊群盖棕色，扁平，宿存。

生境与分布 见于慈溪、余姚、镇海、北仑、鄞州、奉化、宁海、象山；生于林缘或林下。产于全省山地丘陵；分布于华东、华中、华南、西南；日本、朝鲜半岛也有。

主要用途 根状茎入药，有清热解毒、止咳平喘、驱虫的功效。

092 异盖鳞毛蕨 迷人鳞毛蕨

学名 ***Dryopteris decipiens*** (Hook.) O. Kuntze　　属名 鳞毛蕨属

形态特征　植株高 30~60cm。根状茎粗短，连同叶柄基部密被深褐色狭披针形鳞片。叶簇生；叶柄长 10~25cm，深禾秆色；叶纸质，沿叶轴、羽轴下面及中脉基部疏被棕色泡状小鳞片，长圆状披针形，长 25~40cm，先端渐尖，一回羽状；羽片 12~15 对，有短柄，镰刀状披针形，基部圆楔形或微心形，边缘波状或浅裂为圆钝齿。孢子囊群圆形，着生于侧脉中部以下，沿羽轴两侧各排成 1 行；囊群盖全缘。

生境与分布　见于余姚、北仑、鄞州、奉化、宁海、象山；生于林下。产于全省丘陵山地；分布于华东及湖南、广东、广西、贵州、四川；日本也有。

主要用途　根状茎入药，有清热解毒、止痛、收敛的功效。

附种　**深裂异盖鳞毛蕨** var. ***diplazioides***，叶二回羽状深裂，裂片（或小羽片）基部连合，先端圆截形，全缘。见于余姚、镇海、江北、北仑、鄞州、宁海、象山；生于林下。

深裂异盖鳞毛蕨

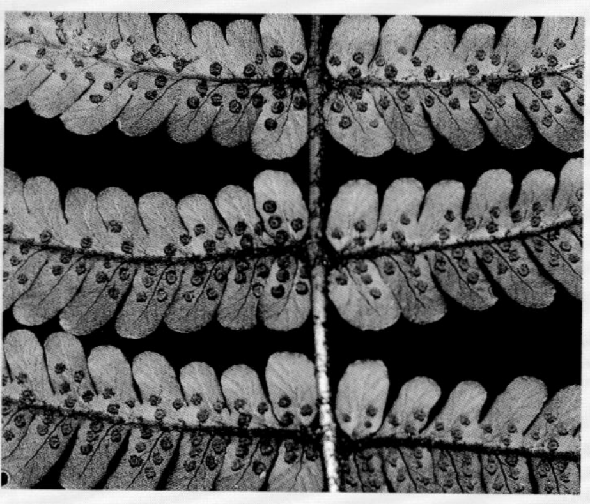

093 红盖鳞毛蕨

学名 ***Dryopteris erythrosora*** (Eaton) O. Kuntze 属名 鳞毛蕨属

形态特征 植株高40~95cm。根状茎短而直立，连同叶柄基部密被深棕色至黑褐色、线形至条状披针形、全缘的鳞片。叶簇生；叶柄长25~45cm，禾秆色；叶薄纸质，羽轴下面密被棕色泡状鳞片，长圆形或阔长圆形，长35~50cm，先端急收缩尾状渐尖，基部圆形，下部二回羽状；羽片9~11对，对生，披针形，先端尾状渐尖；小羽片长圆状披针形，边缘具尖锯齿；叶轴疏生深棕色线状倒向下的鳞片。孢子囊群中生；囊群盖紫红色。

生境与分布 见于余姚、镇海、北仑、鄞州、奉化、宁海、象山；生于林下湿地或水沟边。产于杭州、金华及定海、普陀、遂昌、平阳；分布于华东、华中及广东、广西、云南、贵州；朝鲜半岛、日本也有。

094 黑足鳞毛蕨

学名 ***Dryopteris fuscipes*** C. Chr. 属名 鳞毛蕨属

形态特征 植株高 50~90cm。根状茎斜升或直立，连同叶柄基部密被褐棕色或黑褐色披针形鳞片。叶簇生；叶柄长 20~40cm，棕禾秆色，向上直达叶轴疏被深褐色、狭披针形或钻形小鳞片；叶纸质，沿羽轴下面及中脉疏被棕色泡状鳞片，卵状长圆形，长 20~60cm，先端渐尖，二回羽状；羽片 10~13 对，对生，或仅下部互生，有短柄，镰刀状披针形；小羽片长圆形，先端圆钝，边缘有浅钝齿或近全缘。孢子囊群圆形，靠近中脉两侧各 1 行；囊群盖膜质，全缘。

生境与分布 见于余姚、北仑、鄞州、象山；生于林下潮湿处，喜酸性土。产于全省丘陵山地；分布于华东、华中、华南、西南；日本、朝鲜半岛、越南也有。

095 狭顶鳞毛蕨

学名 ***Dryopteris lacera*** (Thunb.) O. Kuntze 属名 鳞毛蕨属

形态特征 植株高 35~75cm。根状茎短而直立，顶端和叶柄基部密生棕褐色披针形鳞片。叶簇生，纸质；叶柄长 10~25cm；叶长圆形，长 25~50cm，二回羽状；羽片 9~12 对，下部的 5~7 对羽片不育，卵状披针形，上部的 4~5 对羽片可育，强烈收缩，披针形，成熟后凋落；小羽片 7~10 对，披针形，先端急尖，基部耳状，边缘有锯齿，除基部数对，均与羽轴合生；叶脉羽状，单一或分叉。孢子囊群圆形，着生于小脉，每裂片 1~6 对；囊群盖圆肾形，宿存。

生境与分布 见于余姚、北仑、鄞州、奉化、宁海、象山；生于山坡、溪旁及多砾石的林下。产于丽水及安吉、临安、淳安、诸暨、开化、东阳、磐安；分布于华中及台湾、黑龙江、四川；朝鲜半岛、日本也有。

主要用途 根状茎入药，味微苦，性凉，有清热、活血、杀虫的功效。

附种 **同形鳞毛蕨 *D. uniformis***，叶下半部不育，能育羽片上半部逐渐变狭，与下部羽片同形。见于余姚、北仑、鄞州、宁海、象山；生于林下或林缘。

同形鳞毛蕨

096 太平鳞毛蕨

学名 ***Dryopteris pacifica*** (Nakai) Tagawa　**属名** 鳞毛蕨属

形态特征　植株高65~120cm。根状茎粗短而斜升，连同叶柄基部密被黑褐色、线状披针形鳞片。叶簇生，革质；叶柄长30~60cm；叶卵状三角形，长35~60cm，先端尾状渐尖，三回羽状至四回羽裂；羽片9~12对，基部1对最大，有长柄，三角状卵形，其基部下侧小羽片特别伸长，二回羽状至三回羽裂；小羽片一回羽状至二回羽裂；末回裂片近长圆形，先端钝圆，边缘有细齿；叶脉羽状，侧脉单一，少有二叉；小羽轴下面疏被呈泡状的小鳞片。孢子囊群圆形，着生于小脉中部以上，沿小羽轴两侧各排成1行，靠近叶边；囊群盖圆肾形，全缘。

生境与分布　见于余姚、北仑、鄞州、奉化、宁海、象山；生于林下。产于杭州、舟山、金华及开化、遂昌、庆元、乐清、平阳；分布于华东及湖南；朝鲜半岛、日本也有。

附种　**变异鳞毛蕨 *D. varia***，叶卵状长圆形，向顶部突然收缩呈长尾状；羽轴下面无泡状鳞片。见于余姚、北仑、鄞州、象山；生于林下、溪边及石缝中。

变异鳞毛蕨

097 两色鳞毛蕨

学名 ***Dryopteris setosa*** (Thunb.) Akasawa 属名 鳞毛蕨属

形态特征 植株高 35~60cm。根状茎粗壮，连同叶柄基部密被栗褐色或褐棕色狭披针形鳞片。叶簇生，厚纸质；叶柄长 20~40cm，羽轴、小羽轴下面有具栗黑色长尾的泡状鳞片；叶卵状披针形，长 30~45cm，三回羽状至四回羽裂；羽片 7~9 对，互生，基部 1 对披针形，二回羽状至三回羽裂；小羽片 9~12 对，披针形，下侧基部的小羽片一回羽状至二回羽裂，同侧第 2 小羽片向上，其余各小羽片逐渐缩短，边缘浅裂或全缘；叶脉羽状，侧脉单一或二叉。孢子囊群圆形，着生于中脉和叶边之间，沿中脉两侧各排成 1 行；囊群盖圆形，棕褐色，全缘。

生境与分布 见于余姚、北仑、鄞州、奉化、宁海、象山；生于海拔 200~900m 的林下。产于全省丘陵山地；分布于华东、华中、西南及山西、陕西；朝鲜半岛、日本也有。

主要用途 根状茎入药，有清热解毒的功效；也可供观赏。

附种 假异鳞毛蕨 ***D. immixta***，孢子囊群圆形，靠近叶边；囊群盖圆肾形，边缘啮蚀状。见于余姚、北仑、鄞州、宁海、象山；生于林下。

假异鳞毛蕨

098 奇数鳞毛蕨

学名 ***Dryopteris sieboldii*** (van Houtte ex Mett.) O. Kuntze　属名 鳞毛蕨属

形态特征 植株高 50~80cm。根状茎粗短而直立，顶部密被棕色披针形鳞片。叶柄粗壮，长 20~45cm；叶软革质，稍厚，下面疏被棕色、纤维状小鳞片，阔卵形或卵状三角形，长 20~40cm，奇数一回羽状；侧生羽片 1~4 对，披针形或长圆披针形，两侧常不对称，全缘或稀具波状粗锯齿，顶生羽片分离，并和侧生羽片同形；叶脉羽状，侧脉每组 4~6 条。孢子囊群圆形，沿中脉两侧各排成不整齐的 3~4 行，近叶边处不育；囊群盖圆肾形，近全缘。

生境与分布 见于余姚、北仑、鄞州、奉化、宁海、象山；生于林下。产于淳安、诸暨、开化、龙泉、庆元、文成、泰顺；分布于华东及广东、广西、贵州；日本也有。

附种 **顶羽鳞毛蕨 *D. enneaphylla***，侧生羽片为 4~6 对，顶生羽片基部有 1 耳状大裂片，顶部第 1 片侧生羽片短小，边缘具波状粗锯齿或浅裂。见于镇海；生于林下。

顶羽鳞毛蕨

099 稀羽鳞毛蕨

学名 ***Dryopteris sparsa*** (D. Don) O. Kuntze 属名 鳞毛蕨属

形态特征 植株高 40~80cm。根状茎短，连同叶柄基部密被鳞片。叶簇生，纸质；叶柄长 20~35cm；叶卵状长圆形，长 20~45cm，先端长渐尖并为羽裂，二回羽状至三回羽裂；羽片 7~9 对，基部 1 对三角状披针形，其余各对羽片向上逐渐缩短，披针形；小羽片卵状披针形，基部 1 对羽片的基部下侧一片小羽片伸长，一回羽状；裂片长圆形，先端钝圆并有数个尖齿，边缘有疏细齿。孢子囊群大，圆形，着生于小脉中部；囊群盖圆肾形，全缘。

生境与分布 见于慈溪、余姚、镇海、北仑、鄞州、奉化、宁海、象山；生于林下、林缘、采伐迹地等较阴湿处。产于杭州、丽水、温州及诸暨、开化；分布于华东、华南、西南及山西；东南亚、南亚及日本也有。

100 黑鳞耳蕨

学名 ***Polystichum makinoi*** (Tagawa) Tagawa 属名 耳蕨属

形态特征 植株高50~70cm。根状茎短而斜升，密被褐色的狭披针形全缘鳞片。叶簇生，纸质；叶柄长17~20cm，密被黑色和棕色两种鳞片；叶长圆状披针形，两面有较多的褐色纤维状小鳞片，长33~40cm，先端渐尖，基部不缩狭或稍缩狭，二回羽状；羽片25~30对，互生，披针形，下部2~3对缩短；小羽片12~16对，近对生，镰刀状长圆形，通常基部上侧一片较大，先端钝，基部上侧截形并有耳状凸起，下侧斜楔形，边缘有长芒刺状齿；叶脉羽状，侧脉2~3叉。孢子囊群圆形，着生于小脉顶端；囊群盖圆盾形，全缘，早落。

生境与分布 见于余姚、北仑；生于林下潮湿处及沟边阴湿处的酸性土上。产于安吉、遂昌；分布于华东、华中、西北、西南及河北、广西；尼泊尔、不丹、日本也有。

主要用途 根状茎入药，有清热解毒、止血、消肿的功效。

101 棕鳞耳蕨

学名 ***Polystichum polyblepharum*** (Roem. ex Kunze) Presl　　属名 耳蕨属

形态特征　植株高 60~80cm。根状茎短而直立，连同叶柄基部被卵形红棕色大鳞片和纤维状鳞片。叶簇生，纸质；叶长圆状披针形，长 40~55cm，二回羽状；羽片 20~28 对，条状披针形，一回羽状；小羽片互生或近对生，菱状卵形，先端圆钝具刺尖，基部上侧截形有三角形耳状凸起，下侧平切，边缘有芒状刺齿。孢子囊群圆形，着生于小脉顶端，近中生；囊群盖褐色，早落。

生境与分布　见于慈溪、余姚、北仑、鄞州、奉化、宁海、象山；生于林下或沟边。产于杭州；分布于江苏；日本、朝鲜半岛也有。

附种　**卵鳞耳蕨 *P. ovato-paleaceum***，叶轴上鳞片为长圆卵形或阔卵形。见于余姚、鄞州；生于林下。

卵鳞耳蕨

102 三叉耳蕨 戟叶耳蕨

学名 ***Polystichum tripteron*** (Kunze) Presl 属名 耳蕨属

形态特征 植株高 30~60cm。根状茎短而直立，密被卵状披针形棕褐色鳞片。叶簇生，草质；叶柄长 12~30cm；叶戟状披针形，长 18~35cm，掌状三出；羽片 3 枚，条状狭披针形，侧生 1 对明显较小，中央一片大，一回羽状；小羽片镰刀状披针形，上侧有耳状凸起，下侧斜切，边缘浅裂，有芒状小刺尖。孢子囊群圆形，着生于上侧小脉的顶端；囊群盖圆盾形，早落。

生境与分布 见于余姚、北仑、鄞州、奉化、宁海；生于林下石砾堆中或阴湿环境中。产于金华及安吉、临安、淳安、诸暨、天台、遂昌、龙泉；分布于华东、华中、东北及甘肃、陕西、河北、广东、广西、贵州、四川；东北亚也有。

主要用途 根状茎入药，有清热解毒的功效；可盆栽观赏。

103 对马耳蕨 马祖耳蕨

学名 ***Polystichum tsus-simense*** (Hook.) J. Smith 属名 耳蕨属

形态特征 植株高 28~57cm。根状茎直立，连同叶柄基部被黑褐色及棕色鳞片。叶簇生，革质；叶柄长 12~23cm；叶长圆状披针形，长 16~35cm，基部不变狭，二回羽状；羽片约 20 对，镰刀状披针形，一回羽状；小羽片 7~13 对，广卵形，先端急尖，基部上侧三角形耳状凸起，边缘下部全缘，上部有少数刺齿，基部上侧一片较大，近长圆形。孢子囊群圆形，着生于小脉顶端；囊群盖圆盾形，中央褐色，边缘浅棕色，早落。

生境与分布 见于余姚、北仑、鄞州、奉化、宁海；生于阴暗山谷潮湿林下、溪边及竹林中。产于全省山区；分布于华东、华中、西南及吉林、甘肃、陕西、广西；印度、日本、朝鲜半岛、越南也有。

主要用途 根状茎及嫩叶入药，有清热解毒的功效；可栽培供观赏，也可作切叶。

三叉蕨科 Tectariaceae*

104 阔鳞肋毛蕨

学名 ***Ctenltis maximowicziana*** (Miq.) Ching　属名 肋毛蕨属

形态特征 植株高 65~115cm。叶簇生，薄纸质；叶柄长 20~40cm，褐色或禾秆色，连同叶轴下面密被棕红色、质厚、全缘的披针形鳞片；叶卵状三角形，长 45~75cm，先端渐尖，基部不缩狭，三回羽状或羽裂；羽片 10~13 对，互生，长圆状披针形；末回裂片长圆形，先端圆钝，基部与羽轴合生，边缘具疏浅细齿；叶脉羽状，略明显，侧脉分叉。孢子囊群圆形，着生于小脉顶端；囊群盖圆肾形，边缘撕裂状。

生境与分布 见于鄞州；生于山坡林下。产于丽水及临安、开化、仙居；分布于华东及湖南、四川、贵州；日本也有。

* 本科宁波有 1 属 1 种。

肾蕨科 Nephrolepidaceae*

105 肾蕨

学名 ***Nephrolepis auriculata*** (Linn.) Trimen　　属名 肾蕨属

形态特征　植株高 40~110cm。根状茎横走，具粗铁丝状的长匍匐茎，被蓬松的淡棕色、狭长钻形鳞片，茎上有近圆形的块茎。叶簇生，草质；叶柄长 6~30cm，深禾秆色，通常密被淡棕色的线形鳞片；叶狭披针形，长 30~80cm，先端短尖，基部不缩狭或略缩狭，一回羽状；羽片多数，互生，以关节着生于叶轴上，常密集呈覆瓦状排列，羽片向基部渐缩，常呈卵状三角形，先端钝圆，基部常不对称，下侧圆形，上侧为三角状耳形，边缘具疏浅钝锯齿。孢子囊群着生于每组侧脉上侧小脉顶端，沿中脉两侧各排成 1 行；囊群盖肾形。

生境与分布　见于宁海；生于低山半阴环境林下或石缝中；慈溪、江北、鄞州及市区有栽培。产于温州及庆元；分布于长江以南各省区；热带、亚热带地区也有。

主要用途　全草入药，有清热利湿、解毒的功效；是优良的盆栽蕨类，也是常用的鲜切叶材料。

* 本科宁波有 1 属 1 种。

骨碎补科 Davalliaceae*

106 骨碎补

学名 ***Davallia trichomanoides*** Bl. 属名 骨碎补属

形态特征 植株高 15~20cm。根状茎长而横走，连同叶柄基部密被蓬松的棕褐色阔披针形鳞片。叶远生，近革质；叶柄与叶近等长，基部有鳞片；叶五角形，长 8~14cm，四回羽状细裂；羽片 5~7 对，互生，略斜展，接近，基部 1 对最大，三角形；末回裂片短圆形，先端有钝头，单一或顶部二裂为不等长的粗钝齿；叶脉单一或分叉，每裂片或每齿有小脉 1 条。孢子囊群着生于小脉顶端，每裂片 1 枚；囊群盖盅状或管状，熟时孢子囊向口外突出，盖住裂片顶部，仅露出外侧的长钝齿。

生境与分布 见于宁海、象山；附生于岩石上。产于乐清；分布于华东及辽宁、云南；东南亚、南亚及日本、朝鲜半岛也有。

主要用途 根状茎入药，有补肾、强壮筋骨、祛风除湿、散瘀止痛的功效；也可供观赏。

* 本科宁波有 2 属 3 种。

107 圆盖阴石蕨

学名 ***Humata tyermanni*** Moore　　属名 阴石蕨属

形态特征　植株高 5~25cm。根状茎细长，粗壮，密被灰白至淡棕色的鳞片。叶疏生，革质；叶柄长 1.5~12cm，仅基部有鳞片；叶阔卵状五角形，长 3~17cm，顶端渐尖并为羽裂，三至四回羽状深裂；羽片约 10 对或更多，有短柄，基部 1 对最大，三角状披针形；末回裂片近三角形，先端钝，通常有长短不等的二裂或钝齿；叶脉羽状，上面隆起，侧脉单一或分叉。孢子囊群着生于上侧小脉顶端；囊群盖膜质，圆形，仅以狭的基部着生。

生境与分布　见于全市山区、半山区；附生于海拔 300m 以下的岩石或树干上。产于省内海岛及沿海地区；分布于华东、华南、西南及湖南；越南、老挝也有。

主要用途　优良的盆栽观赏蕨类植物。

附种　**杯盖阴石蕨 *H. griffithiana***，囊群盖宽杯形，两侧边大部着生于叶面。见于鄞州；附生于岩石上。本次调查发现的浙江省分布新记录种。

杯盖阴石蕨

水龙骨科 Polypodiaceae*

线蕨

学名 ***Colysis elliptica*** (Thunb.) Ching　　属名 线蕨属

形态特征 植株高 20~80cm。根状茎长而横走，密被鳞片。叶远生，纸质，近二型；不育叶叶柄长 8~20cm，禾秆色，基部密被鳞片；叶阔卵形或卵状披针形，长 13~18cm，先端圆钝，一回羽状深裂达叶轴；羽片或裂片 4~6 对，对生或近对生，披针形或条形，宽 0.6~1.5cm，在叶轴两侧以狭翅相连，全缘或略呈浅波状；能育叶和不育叶同形，但叶柄较长，羽片远较狭；叶脉网状，中脉明显。孢子囊群线形，斜展，在每对侧脉之间各 1 行，伸达叶边。

生境与分布 见于慈溪、余姚、北仑、鄞州、奉化、宁海、象山；生于林下或林缘近水的岩石上。产于杭州及诸暨、开化、天台、龙泉、庆元、乐清、文成；分布于华东、华南、西南及湖南；东南亚、南亚及日本、朝鲜半岛也有。

主要用途 全草入药，有活血散瘀、清热利尿的功效；可作为庭园及室内观赏植物。

附种 **宽羽线蕨 *C. pothifolia***，植株较高大；叶长圆状卵形，羽片宽 2~3.5cm，叶脉两面较明显。见于余姚、北仑、鄞州、宁海、象山；生于林下较湿润肥沃处。

宽羽线蕨

* 本科宁波有 11 属 24 种，其中人工栽培 1 属 1 种；本图鉴收录 10 属 23 种。

109 矩圆线蕨

学名 ***Colysis henryi*** (Bak.) Ching　　属名 线蕨属

形态特征　植株高 35~65cm。根状茎横走，密生鳞片。叶远生，一型；叶柄长 10~25cm，禾秆色，以关节着生于根状茎；叶矩圆状披针形或卵状披针形，长 25~40cm，先端渐尖，基部急变狭，楔形下延，全缘；叶脉略可见，在斜上的两侧脉间形成网眼，内藏小脉一至二回分叉或单一。孢子囊群条形，在两侧脉间斜出，伸达叶边。

生境与分布　见于慈溪、余姚、鄞州、奉化、宁海；生于林下较阴处。产于杭州及常山、龙泉；分布于华东、西南及陕西、湖南、湖北、广西。

主要用途　全草入药，有清肺热、利尿、通淋的功效；可供观赏。

110 抱石莲

学名 ***Lepidogrammitis drymoglossoides*** (Bak.) Ching 属名 骨牌蕨属

形态特征 植株高 2~5cm。根状茎细长而横走，疏被鳞片。叶远生，肉质，下面疏被鳞片，二型；近无柄；不育叶圆形、长圆形或倒卵状圆形，长 1~2cm，先端圆或钝圆，基部狭楔形而下延，全缘；能育叶倒披针形或舌形，长 2.5~5cm，先端钝圆，基部缩狭；叶脉不明显。孢子囊群圆形，沿中脉两侧各排成 1 行，位于中脉与叶边之间。

生境与分布 见于慈溪、余姚、镇海、北仑、鄞州、奉化、宁海、象山；生于山谷或溪边阴湿的岩石或树干上。产于杭州、丽水及诸暨、定海、普陀、开化、武义、仙居、文成；分布于长江流域以南及陕西、甘肃。

主要用途 全草入药，有清热利湿、化瘀、解毒的功效；可植于山石盆景或树桩上观赏。

111 常春藤鳞果星蕨

学名 ***Lepidomicrosorium hederaceum*** (Christ) Ching　　属名 鳞果星蕨属

形态特征 植株高 9~18cm。叶二型，疏生，相距 1~3cm，薄纸质，下面疏生小鳞片；叶柄长 3~9cm，有狭翅，下延几达基部；叶卵形至长卵形，长 6~10cm，先端短尖，基部宽楔形或心形，以较宽的翅下延，两侧常具大的垂耳，全缘，不育叶较短，长 4~6.5cm，心状卵形；叶脉略可见。孢子囊群小，星散分布。

生境与分布 见于鄞州、宁海；附生于林下岩石上。产于武义、遂昌；分布于湖南、四川、贵州。

112 扭瓦韦

学名 ***Lepisorus contortus*** (Christ) Ching 属名 瓦韦属

形态特征 植株高 10~20cm。根状茎长而横走，密被鳞片。叶近生，薄革质，下面灰绿色，沿中脉两侧偶有少数小鳞片；叶柄长 1~2cm，或几无柄，基部被鳞片；叶条状披针形，长 9~18cm，中部宽 6~8mm，先端长渐尖，基部两侧下延于叶柄，全缘，干后常向下强度反卷并扭曲；中脉明显，小脉不明显。孢子囊群圆形或卵圆形，位于中脉与叶边之间，成熟时密接。

生境与分布 见于余姚、北仑、鄞州、象山；生于林下岩石上或树干上。产于杭州、温州及定海、普陀、开化、遂昌、庆元；分布于华中、西南及陕西、甘肃、安徽、福建、广西；不丹、尼泊尔也有。

主要用途 全草入药，有收敛生肌、消炎解毒的功效。

113 庐山瓦韦

学名 ***Lepisorus lewisii*** (Bak.) Ching　　属名 瓦韦属

形态特征　植株高 6~18cm。根状茎横走，密被黑褐色鳞片。叶疏生，厚革质，下面沿中脉两侧偶有少数小鳞片；近无柄，基部被鳞片；叶条形，长 5.5~17cm，宽 3~5mm，先端尖，基部下延几达叶柄基部；中脉两面隆起，小脉不明显。孢子囊群卵圆形或长圆形，生于叶下面凹穴中，位于中脉与叶边之间，常被强度反卷的叶边覆盖，干时呈念珠状。

生境与分布　见于慈溪、余姚、北仑、鄞州、奉化、宁海、象山；生于林下岩石上。产于丽水、温州及临安、诸暨、开化、天台；分布于华东及湖南、广东、广西、贵州、四川。

主要用途　全草入药，有清热消肿、止痛的功效；可植于山石盆景或树桩上供观赏。

114 鳞瓦韦

学名 ***Lepisorus oligolepidus*** (Bak.) Ching　　**属名** 瓦韦属

形态特征　植株高 10~18cm。根状茎横走，密被棕黑色鳞片；鳞片常宿存。叶近生，薄革质，两面被黑色的卵状钻形小鳞片，下面尤密；叶柄禾秆色，长 2~3cm，基部疏被鳞片；叶披针形，长 8~15cm，中部以下宽 1.5~2.5cm，先端渐尖，基部渐狭，两侧下延于叶柄形成狭翅，全缘；中脉两面隆起，小脉不明显。孢子囊群大，圆形，沿中脉两侧各排成 1 行，靠近中脉，成熟时彼此密接。

生境与分布　见于北仑、宁海、象山；生于林下岩石上。产于杭州、丽水及安吉、开化、江山、东阳、乐清；分布于华中、西南及安徽、福建、广东、广西、陕西；日本也有。

主要用途　全草入药，有清热利湿、健脾止咳、止血、解毒的功效。

附种 1　黄瓦韦 *L. asterolepis*，叶柄长 2~15cm。孢子囊群多为椭圆形，位于主脉与叶边中间。见于宁海；生于林下岩石上。

附种 2　粤瓦韦 *L. obscure-venulosus*，根状茎上鳞片老时脱落；叶柄栗褐色；叶先端长渐尖呈尾状，基部狭楔形；叶上面有明显的栗褐色斑点。见于余姚；生于林下岩石上或树干上。

黄瓦韦

粤瓦韦

115 瓦韦

学名 ***Lepisorus thunbergianus*** (Kaulf.) Ching　　属名 瓦韦属

形态特征　植株高 12~25cm。根状茎横走，密被黑褐色鳞片。叶疏生或近生，薄革质，下面沿中脉常有小鳞片；近无柄，禾秆色，基部被鳞片；叶条状披针形或披针形，长 11~20cm，中部或中部以上最阔，宽 0.7~1.5cm，先端短渐尖或锐尖，基部渐狭而下延，全缘；中脉两面隆起，小脉不明显。孢子囊群大，圆形，稍近叶边，彼此分开。

生境与分布　见于全市各地；附生于林下岩石或树干上。产于全省各地；分布于华东、华中、华南、西南及甘肃、陕西、河北；不丹、克什米尔地区、日本、朝鲜半岛、尼泊尔、菲律宾也有。

主要用途　全草入药，有利尿、止血的功效；可植于树桩上供观赏。

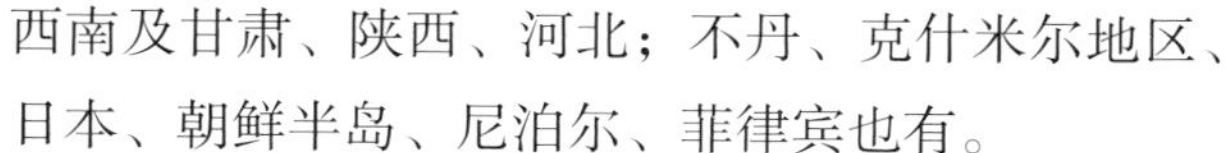

116 拟瓦韦 阔叶瓦韦

学名 ***Lepisorus tosaensis*** (Makino) H. Itô　　属名 瓦韦属

形态特征　植株高 18~35cm。根状茎横走，密被黑褐色鳞片。叶近簇生，薄纸质，光滑或下面有少数小鳞片贴生；叶柄禾秆色或灰黄色，近无柄，基部被鳞片；叶倒披针形、匙形或披针形，长 6~20cm，先端渐尖或钝，基部渐狭并下延于叶柄；中脉两面隆起，小脉明显。孢子囊群较小，圆形或椭圆形，稍近中脉，分离。

生境与分布　见于余姚、北仑、鄞州；生于林下岩石上。产于临安、开化、遂昌、庆元、苍南；分布于华东、西南及广东、广西。

117 攀援星蕨

学名 ***Microsorum brachylepis*** (Bak.) Nakaike　属名 星蕨属

形态特征　植株高 17~45cm。根状茎略扁平，攀援，疏被鳞片。叶远生，厚纸质；叶柄长 5~15cm，基部疏被鳞片；叶狭长披针形，长 12~30cm，先端渐尖，基部急缩狭而下延成翅，全缘或略呈波状；中脉两面隆起。孢子囊群圆形，小而密，散生于中脉与叶边之间，呈不整齐状。

生境与分布　见于慈溪、余姚、北仑、鄞州、奉化、宁海、象山；攀援于林中树干上或岩石上。产于杭州、舟山、丽水及开化、江山、文成、泰顺；分布于华东、华中、华南及四川、贵州；日本、越南也有。

主要用途　全草入药，有清热利湿的功效；可配植于大型山石或树桩盆景。

118 江南星蕨

学名 ***Microsorum fortunei*** (T. Moore) Ching　属名 星蕨属

形态特征　植株高 30~80cm。根状茎长而横走，顶部被易脱落的盾状鳞片。叶远生，厚纸质；叶柄长 5~20cm，淡褐色，上面有纵沟，基部疏被鳞片；叶条状披针形，长 25~60cm，先端长渐尖，基部渐狭，下延于叶柄形成狭翅，全缘且有软骨质的边。孢子囊群大，圆形，橙黄色，靠近中脉两侧排成较整齐的 1 行或不规则的 2 行。

生境与分布　见于慈溪、余姚、镇海、北仑、鄞州、奉化、宁海、象山；多附生于林下湿润岩石上。产于全省各地；分布于西南、华中及甘肃、陕西、安徽、广西、台湾；东南亚也有。

119 盾蕨

学名 ***Neolepisorus ovatus*** (Wall. ex Bedd.) Ching　属名 盾蕨属

形态特征　植株高 35~56cm。根状茎长而横走，密被盾状着生的褐色鳞片。叶远生，纸质；叶柄长 15~28cm，灰褐色，疏被鳞片；叶卵形，长 20~28cm，先端渐尖，基部变阔而圆，略下延于叶柄，全缘或下部有时分裂；侧脉明显，小脉联结成网状。孢子囊群圆形，在侧脉间排成不整齐的 1~3 行。

生境与分布　见于慈溪、余姚、北仑、鄞州、奉化、宁海、象山；生于林下多石砾、较湿润处。产于杭州、丽水、温州及安吉、诸暨、天台；分布于华东、华中、华南、西南；越南也有。

主要用途　全草入药，有清热利湿、散瘀止血的功效；可盆栽观赏，也可作地被植物。

120 水龙骨

学名 ***Polypodiodes niponica*** (Mett.) Ching　属名 水龙骨属

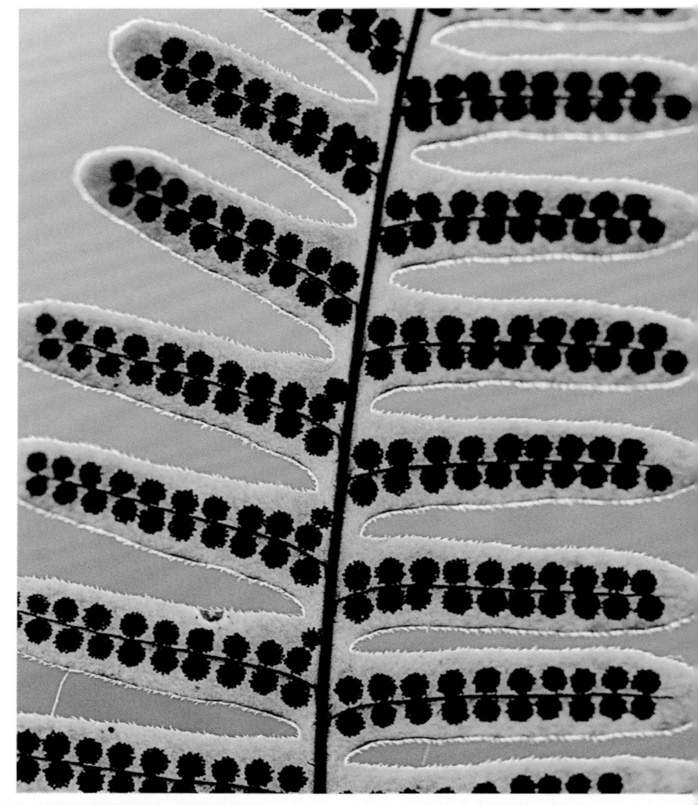

形态特征　植株高 20~55cm。根状茎长而横走，灰绿色，常光秃而被白粉，顶端密被棕褐色鳞片。叶远生，薄纸质；叶柄长 6~20cm，基部疏被鳞片；叶长圆状披针形或披针形，长 14~35cm，两面连同叶轴、羽轴密生灰白色钩状柔毛，先端渐尖，羽状深裂几达叶轴；裂片 15~30 对，互生或近对生，下部 2~3 对常向下反折，基部 1 对略缩短而不变形；叶脉网状，沿中脉两侧各有 1 行网眼。孢子囊群圆形，靠近中脉两侧各有 1 行。

生境与分布　见于全市山区、半山区；生于林下、林缘、山沟水边的岩石上，或林中树干上。产于杭州、金华、丽水及诸暨、开化、仙居、临海、文成、泰顺；分布于华东、华中、华南、西南及甘肃、陕西；日本、印度、越南也有。

主要用途　根状茎入药，有化湿、清热、祛风、通络的功效；可栽培供观赏。

121 相近石韦

学名 ***Pyrrosia assimilis*** (Bak.) Ching　　属名 石韦属

形态特征　植株高 10~20cm。根状茎长而横走，密被棕褐色鳞片。叶近生或远生，厚革质，一型；叶无柄或仅有短柄，基部有关节，密被鳞片；叶条形或条状披针形，长 10~22cm，先端短尖，基部渐狭并长下延，全缘，上面有明显的小洼点，幼时上面被灰白色星状长柔毛，老时近无毛，下面密被灰白色或灰棕色具针状臂的星芒状毛。孢子囊群圆形，沿中脉两侧各排成 3~4 行。

生境与分布　见于余姚、北仑、鄞州、奉化；生于林下岩石上。产于杭州及诸暨、常山、东阳、武义、龙泉；分布于长江以南各省区。

主要用途　全草入药，有清热利尿、通淋的功效。

122 石韦

学名 ***Pyrrosia lingua*** (Thunb.) Farwell 属名 石韦属

形态特征 植株高 13~48cm。根状茎长而横走，密被盾状着生的棕褐色鳞片。叶远生，厚革质，一型；叶柄长 4.5~27cm，深棕色，略呈四棱并有浅沟；叶披针形至长圆状披针形，长 8.5~21cm，基部楔形，有时略下延，全缘，上面疏被星芒状毛或近无毛，并有小洼点，下面灰棕色或砖红色，被星状毛。孢子囊群满布于叶下面的全部或上部。

生境与分布 见于全市丘陵山地；多生于山坡岩石上或溪边石坎上。产于全省各地；分布于华东、华中、华南、西南及辽宁、甘肃；日本、印度、朝鲜半岛、缅甸、越南也有。

主要用途 叶入药，有利尿通淋、清肺、泄热的功效；可栽培供观赏。

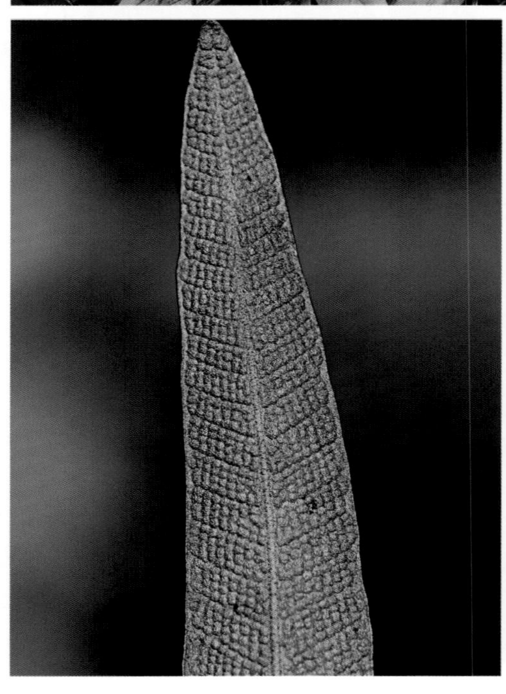

123 有柄石韦

学名 ***Pyrrosia petiolosa*** (Christ) Ching　　属名 石韦属

形态特征 植株高 10~19cm。根状茎长而横走，密生褐棕色覆瓦状排列的鳞片。叶远生，厚革质，二型；不育叶长为能育叶的 1/2~2/3，叶柄与叶近等长，均密被星状毛；叶卵形至长圆形，长 5~7cm，先端钝头，基部楔形，略下延，全缘，上面幼时疏生星状毛并有洼点，下面密被灰棕色或黄白色星状毛；能育叶较大，高 12~19cm，柄长 7~12cm，叶长卵形至长圆状披针形，通常内卷几成筒状。孢子囊群红棕色，满布叶背。

生境与分布 见于余姚、北仑、鄞州、奉化、宁海；附生于岩石或树干上。产于全省各地；分布于华东、华中、东北、西南及河北、山西、陕西；东北亚也有。

124 庐山石韦

学名 ***Pyrrosia sheareri*** (Bak.) Ching　　属名 石韦属

形态特征 植株高 18~70cm。根状茎粗短而横走，密被黄棕色鳞片。叶簇生或近生，革质，一型；叶柄粗壮，长 8~30cm；叶披针形，长 10~40cm，宽 3~5cm，先端短尖或短渐尖，基部为不对称的圆耳形，上面疏被星芒状毛或近无毛，有细密洼点，下面密被灰褐色的具短阔披针形臂的星状毛。孢子囊群小，圆形，满布叶下面，在侧脉之间排列成紧密而整齐的多行。

生境与分布 见于余姚、北仑、鄞州、奉化、宁海、象山；生于海拔较高的林下岩石或树干上。产于杭州、丽水及安吉、诸暨、开化、常山、文成；分布于华东、华南、西南及湖北；越南也有。

125 石蕨

学名 ***Saxiglossum angustissimum*** (Giesenh. ex Diels.) Ching　属名 石蕨属

形态特征　植株高 2.5~9cm。根状茎细长而横走，密被盾状着生的红棕色鳞片。叶远生，革质，几无柄，基部密被卵形鳞片；叶条形，长 2.5~9cm，宽 2~5mm，先端钝尖，基部渐缩狭，边缘强度向下反卷，两面均被星状毛；中脉上面凹下，下面隆起。孢子囊群线形，沿中脉两侧各排成 1 行，幼时为反卷的叶边覆盖，熟时张开，露出孢子囊群。

生境与分布　见于余姚、北仑、鄞州、奉化、宁海、象山；附生于岩石或树干上。产于杭州、丽水、温州及诸暨、东阳、武义、仙居；分布于华东、华中、华南及甘肃、陕西、山西、四川、贵州；日本、泰国也有。

主要用途　叶入药，有清热明目、活血调经的功效。

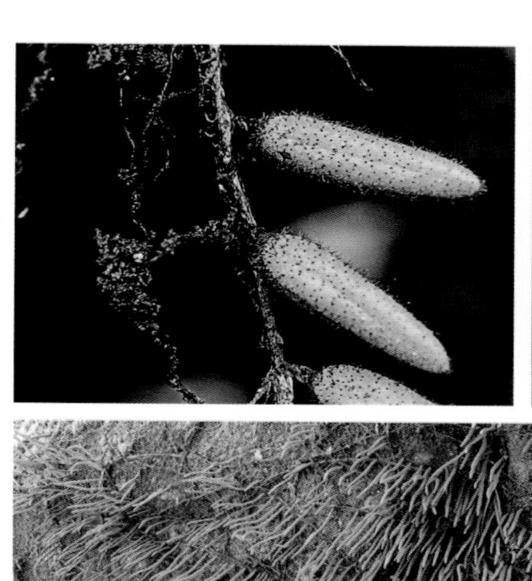

126 金鸡脚

学名 ***Selliguea hastata*** (Thunb.) Fraser-Jenkins　　属名 假瘤蕨属

形态特征　植株高 8~35cm。根状茎密被红棕色鳞片。叶疏生，厚纸质；叶柄长 2~18cm，基部被鳞片，并以关节与根状茎相连；叶通常 3 裂，少有单叶或 2~5 裂；裂片披针形，长 6~15cm，先端渐尖，边缘有软骨质狭边，全缘或略呈波状，或有细浅钝齿。孢子囊群圆形，沿中脉两侧各排成 1 行，位于中脉与叶边之间。

生境与分布　见于余姚、北仑、鄞州、奉化、宁海、象山；常生于林缘或林下阴湿岩壁上。产于全省各地；分布于长江以南各省区及山东、河南、陕西、西藏、甘肃；东北亚及菲律宾也有。

主要用途　全草入药，有清热凉血、利尿解毒的功效；可用于岩壁美化。

127 屋久假瘤蕨

学名 ***Selliguea yakushimensis*** (Makino) Fraser-Jenkins　**属名** 假瘤蕨属

形态特征　植株高 10~25cm。根状茎长而横走，密被棕色披针形鳞片。叶远生，近革质；叶柄长 5~15cm，基部被鳞片；叶狭椭圆状披针形，5~15cm × 1~2cm，基部楔形，边缘软骨质，脉间有缺刻，背面通常灰白色；中脉、侧脉明显，侧脉不达叶边。孢子囊群圆形，沿中脉两侧各 1 行，位于中脉与叶边之间。

生境与分布　见于鄞州、奉化、宁海、象山；生于溪边岩石上。产于丽水地区；分布于福建、广西、贵州、湖南、江西、台湾；日本、朝鲜半岛也有。

槲蕨科 Drynariaceae*

槲蕨

学名 ***Drynaria roosii*** Nakaike　　属名 槲蕨属

形态特征 植株高 28~60cm。鳞片金黄色，纤细，钻状披针形，有缘毛。叶纸质，二型；槲叶状的聚积叶矮小，黄绿色后变枯黄色，卵形或卵圆形，长 3.5~5cm；正常叶高大，绿色，叶柄长 6~9cm，两侧有狭翅；叶长圆状卵形至长圆形，长 22~50cm，先端尖，基部缩狭成波状，并下延成有翅的叶柄，羽状深裂；裂片 6~13 对，互生，略斜向上，披针形；叶脉网状，两面均明显。孢子囊群圆形，沿中脉两侧各排成 2 至数行。

生境与分布 见于慈溪、余姚、镇海、北仑、鄞州、奉化、宁海、象山；附生于低山岩石或树干上。产于全省丘陵山地；分布于长江以南各省区；日本也有。

主要用途 根状茎入药，有补肾强骨、续筋止痛的功效；观赏蕨类，可盆栽。

* 本科宁波有 1 属 1 种。

剑蕨科 Loxogrammaceae*

129 柳叶剑蕨

学名 ***Loxogramme salicifolia*** (Makino) Makino　属名 剑蕨属

形态特征　植株高 15~30cm。根状茎横走，被棕褐色卵状披针形鳞片。叶远生，革质；叶柄基部略被卵形或卵状披针形鳞片；叶披针形，长 14~28cm，先端长渐尖，基部楔形并下延几达叶柄下部或基部，全缘，干后稍反卷；中脉两面明显，正面隆起，下面平坦，不达顶端。孢子囊群线形，通常 10 对以上，与中脉斜交，稍密接，多少下陷于叶肉中。

生境与分布　见于奉化；生于林下阴湿岩石上。产于温州及临安、淳安、武义、遂昌、龙泉；分布于华东、华中、华南及四川、贵州；日本也有。

主要用途　根状茎入药，用于痨伤咳嗽。

* 本科宁波有 1 属 1 种。

苹科 Marsileaceae*

130 苹 四叶苹 南国田字草

学名 *Marsilea minuta* Linn. 属名 苹属

形态特征 水生植物，植株高 5~20cm。根状茎细长而横走，柔软，有分枝，茎节向下生须根。叶柄基部被鳞片，顶端生倒三角形小叶 4 片，成“田”字形排列；小叶长与宽为 1~2cm；叶脉自基部呈放射状分叉，伸向叶边。孢子果卵圆形，通常 2~3 枚簇生于长 1~1.5cm 的梗上。

生境与分布 见于全市各地；生于水田或一年内有季节性干旱的浅水沟渠或低洼地等处。产于全省各地；广布全国及世界各地。

主要用途 全草入药，有清热解毒、消肿利湿、止血、安神的功效。

* 本科宁波有 1 属 1 种。

槐叶苹科 Salviniaceae*

131 槐叶苹

学名 ***Salvinia natans*** (Linn.) All.　　**属名** 槐叶苹属

形态特征　漂浮植物。茎细长，被褐色节状柔毛。叶草质，上面绿色，满布带有束状短毛的凸起，下面灰褐色，被有节的粗短毛；叶 3 枚轮生，其中 2 枚漂浮于水面，形如槐叶，椭圆形至长圆形，长 8~12mm，先端圆钝，基部圆形或略呈心形，全缘；另 1 叶悬垂于水中，细裂成须根状的假根。孢子果 4~8 个，簇生于假根的基部。

生境与分布　见于全市各地；生于池塘、沟渠等浅水水域中。产于全省各地；分布于东北、华北及长江以南各省区；北温带各国及泰国、越南、印度也有。

主要用途　全草入药，有清热解毒、消肿止痛的功效；也用作禽畜饲料及绿肥。

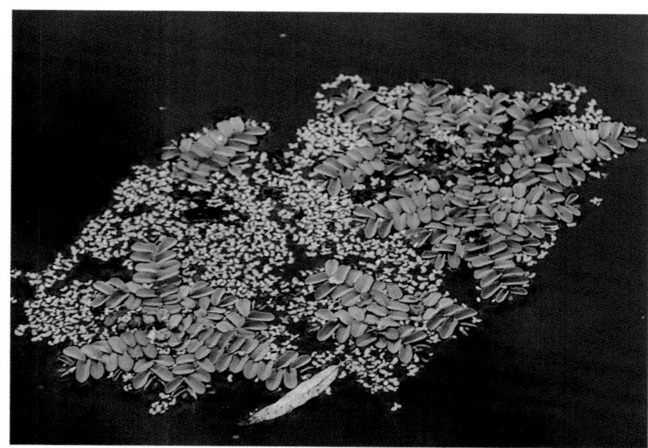

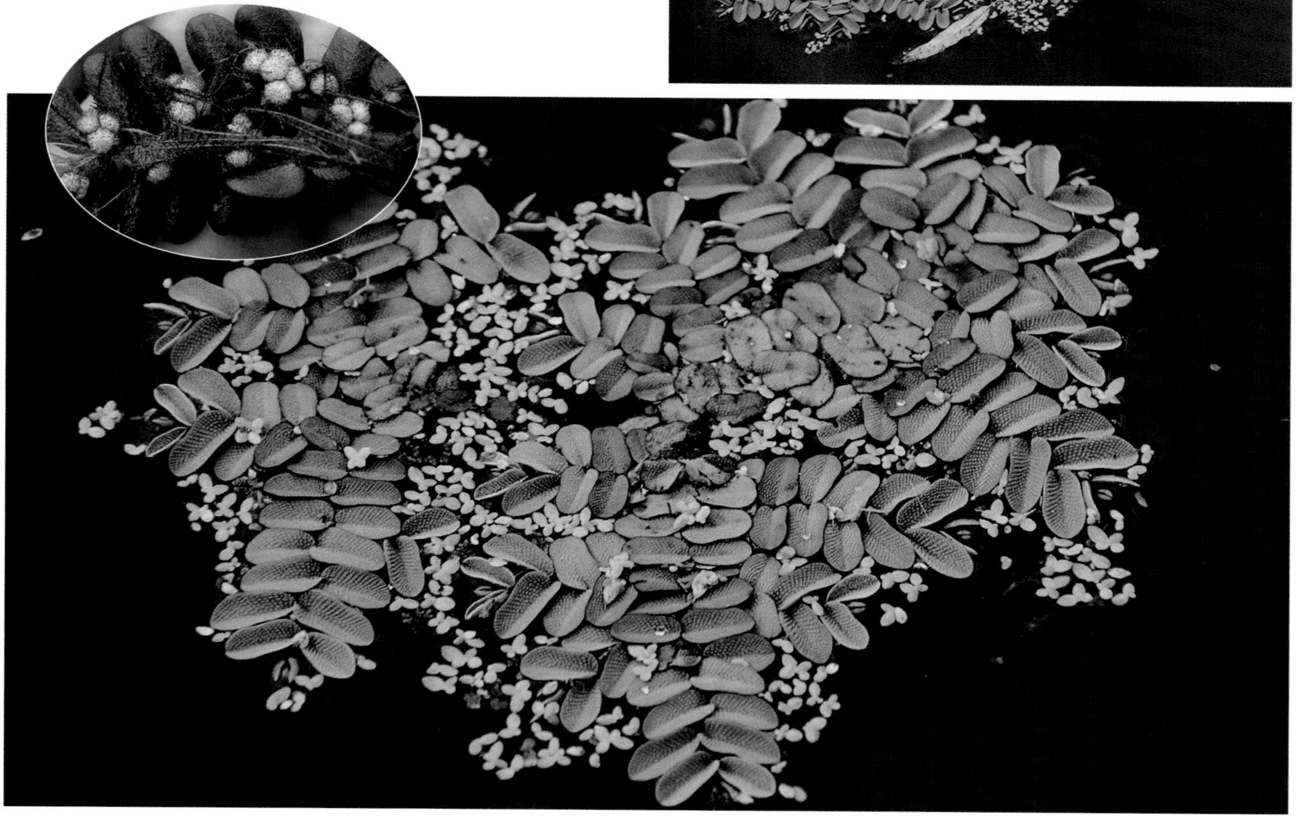

* 本科宁波有 1 属 1 种。

满江红科 Azollaceae*

133 满江红

学名 ***Azolla imbricata*** (Roxb. ex Griff.) Nakai 属名 满江红属

形态特征 浮水植物。根状茎主茎横走，似二歧状分枝，须根沉入水中。叶小，无柄，互生，覆瓦状排列，长约1mm，先端圆或圆截形，基部圆楔形，全缘，分裂成上、下两片，上（背）裂片春夏绿色，秋后呈红紫色，浮在水面进行光合作用；下裂片透明膜质，没入水中吸收水分与无机盐。

生境与分布 见于全市各地；生于水田、池塘、沟渠等水域。产于全省各地；分布于山东、河南以南；非洲、亚洲其他国家、太平洋群岛及澳大利亚也有。

主要用途 全草入药，有祛风利湿、发汗透疹的功效；可作稻田绿肥、家畜饲料。

* 本科宁波有1属1种。

裸子植物

苏铁科 Cycadaceae*

001 苏铁 铁树

学名 *Cycas revoluta* Thunb. 属名 苏铁属

形态特征 茎干高约 2m，稀达 3m 以上。鳞叶三角状卵形；羽状叶裂片条形，可达 100 对以上，厚革质，坚硬，斜展，先端尖锐，边缘显著向下反卷。小孢子叶窄楔形，顶端扁平，小孢子囊常 3 个聚生；大孢子叶长卵形，密被淡黄色绒毛，边缘羽状分裂，裂片 12~18 对，生于大孢子叶柄的两侧，有绒毛。种子橘红色，倒卵圆形或卵圆形，稍扁，密生灰黄色短绒毛。在原产地花期 6~7 月，种子 10 月成熟。

地理分布 产于福建、台湾、广东。全市及全省各地有栽培。

主要用途 国家 I 级重点保护野生植物。优良的观赏树种；髓部和种子含有淀粉，可食。

附种 **攀枝花苏铁 *C. panzhihuaensis***，小叶边缘扁平或稍下弯，上面中脉隆起。原产于四川（攀枝花）。象山有栽培。国家 I 级重点保护野生植物。

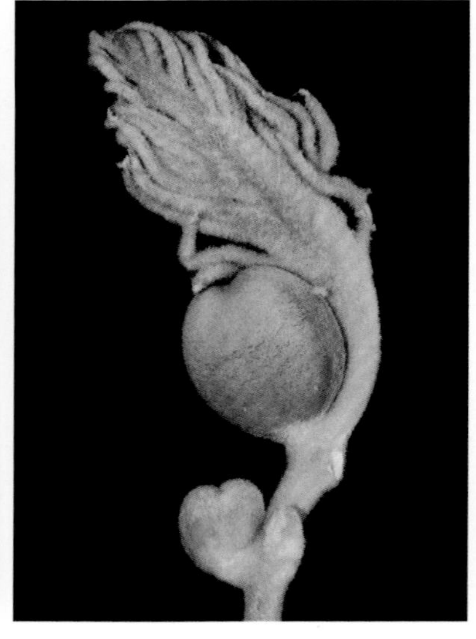

* 本科宁波栽培 2 属 3 种；本图鉴收录 1 属 2 种。

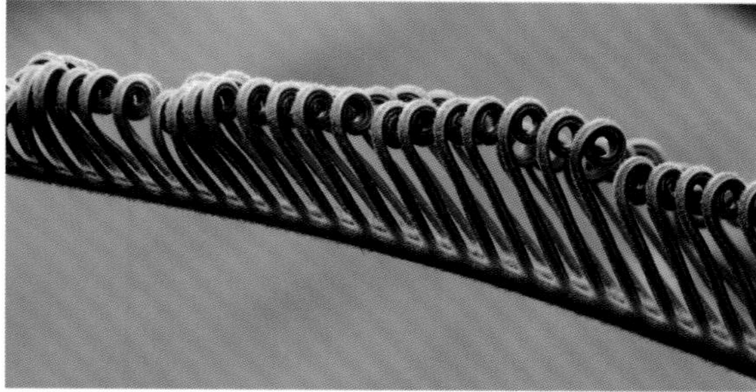

攀枝花苏铁

银杏科 Ginkgoaceae*

银杏 白果树

学名 ***Ginkgo biloba*** Linn.　　属名 银杏属

形态特征　大乔木，高达 40m。树皮灰褐色，深纵裂，粗糙；短枝密被叶痕，黑灰色；叶淡绿色，螺旋状散生于长枝上，在短枝上 3~8 枚呈簇生状。雄球花 4~6，花粉球形；雌球花具长梗，梗端常分 2 叉。种子椭圆形、长倒卵形、卵圆形或近圆球形，外种皮肉质，熟时黄色或橙黄色，外被白粉，有酸臭味。花期 3~4 月，种子 9~10 月成熟。

地理分布　产于我国。全市及全国各地有栽培。

主要用途　我国特有，有“活化石”之称，国家 I 级重点保护野生植物。优良干果；树干挺拔，叶形奇特而古雅，是优美的绿化观赏树，也可制作盆景；叶提取物是制造治疗心血管疾病及阿尔茨海默病药物的重要原料。

* 本科宁波栽培 1 属 1 种。

南洋杉科 Araucariaceae*

003 南洋杉

学名 ***Araucaria cunninghamii*** Aiton ex D. Don　属名 南洋杉属

形态特征　乔木，在原产地高达60~70m。树皮灰褐色或暗灰色，横裂；大枝平展或斜伸，侧身小枝密生，下垂，近羽状排列。叶二型；幼树和侧枝的叶排列疏松，锥状、针状、镰刀状或三角状；大枝及花果枝上的叶排列紧密而叠盖，卵形，三角状卵形或三角状。雄球花单生枝顶，圆柱形。球果卵形或椭圆形；苞鳞楔状倒卵形；种子椭圆形，两侧具结合而生的膜质翅。

地理分布　原产于南美洲、大洋洲及太平洋群岛。全市及省内南部地区有栽培。

主要用途　树姿壮观，是绿化、美化的优良树种。

* 本科宁波栽培1属1种。

松科 Pinaceae*

004 日本冷杉

学名 ***Abies firma*** Sieb. et Zucc. 属名 冷杉属

形态特征 常绿乔木，在原产地高达50m。树皮暗灰色或暗灰黑色。大枝轮生，平展，小枝平滑，淡灰黄色，凹槽中有细毛或无毛；冬芽卵圆形，有少量树脂。叶直或微弯，幼树或萌生枝上的叶先端二叉分裂，下有2条灰白色气孔带。球果圆柱形，基部稍宽，成熟时为黄褐色或灰褐色；中部种鳞扇状方形；苞鳞明显外露，上部呈三角状，先端有急尖头。种翅楔状长方形，较种子长。花期4~5月，球果10月成熟。

地理分布 原产于日本。全市及全省各地有栽培。

主要用途 材质轻软，可作家具、造纸和建筑用材；树形优美，可供观赏。

* 本科宁波有8属18种3变种2品种，其中栽培15种3变种2品种；本图鉴收录5属11种1变种2品种。

005 雪松

学名 ***Cedrus deodara*** (Roxb.) G. Don　　属名 雪松属

形态特征　常绿乔木，在原产地高达 50m。树皮灰褐色或深灰色，裂成不规则的鳞状块片。侧枝平展或下垂，小枝常下垂，一年生长枝淡灰黄色，密生短柔毛，二、三年生枝呈灰色或灰褐色。叶针形，坚硬，在长枝上辐射伸展，在短枝上呈簇生状，常呈三棱形，幼叶有白粉。球果椭圆状卵形，有短梗，熟时红褐色。种子上端具倒三角形种翅，较种子长。花期 10~11 月，球果翌年 9~10 月成熟。

地理分布　原产于阿富汗、印度及喜马拉雅山西部、喀喇昆仑山。全市及全省各地有栽培。

主要用途　优美的庭园观赏和优良用材树种。

006 江南油杉

学名 ***Keteleeria fortunei*** (Murr.) Carr. var. ***cyclolepis*** (Flous) Silba 属名 油杉属

形态特征 常绿乔木，高 25m。一年生枝有褐色柔毛。叶条形，在侧枝上排成 2 列，先端钝圆、微凹或具微突尖，边缘微反曲，中脉两面隆起，沿中脉两侧各有 1 行气孔带；幼树及萌生枝密生柔毛，叶较长而宽，先端刺状渐尖。球果圆柱形或椭圆状圆柱形，中部的种鳞斜方形或斜方状圆形；苞鳞先端 3 裂。种翅中部或中下部较宽。花期 4 月，种子 10 月成熟。

地理分布 产于丽水、温州；分布于江西、湖南、广东、广西、贵州、云南。我国特有树种。余姚、鄞州、奉化有栽培。

附种 **铁坚油杉 *K. davidiana***，叶质地稍厚，边缘不反曲，上面无明显气孔线。原产于甘肃、陕西、四川、湖北、湖南、贵州。慈溪有栽培。

铁坚油杉

007 白皮松

学名 ***Pinus bungeana*** Zucc. ex Endl. 属名 松属

形态特征 常绿乔木，在原产地高达 30m。树皮灰褐色或灰白色，不规则块片脱落形成白褐相间的斑鳞状。一年生枝灰绿色；冬芽红褐色，卵圆形，无树脂。针叶 3 针 1 束，长 5~10cm。球果通常单生，初直立，后下垂，长 5~7cm。种子有短翅。花期 4~5 月，球果翌年 10~11 月成熟。

地理分布 原产于甘肃、山西、河南、陕西、四川、山东、湖北。余姚及市区有栽培。

主要用途 木材可供房屋建筑、家具、文具等用材；种子可食；树皮白褐相间，是优良的观干树种。

008 湿地松

学名 ***Pinus elliottii*** Engelm. 属名 松属

形态特征 常绿乔木，在原产地高达 30m。树干通直圆满，树冠卵状圆锥形，树皮红褐色，裂成鳞状大块片剥落。枝条每年生长 2~3 轮，小枝粗壮，灰褐色，有白粉；冬芽红褐色，圆柱形，芽鳞淡灰色，有白色柔毛。叶 2 针 1 束和 3 针 1 束并存，较粗硬，深绿色，背腹两面有气孔线，边缘有细锯齿。球果长卵圆形或长圆锥状，稍具棱脊，黑色，有灰色斑点。花期 3~4 月，球果翌年 10 月成熟。

地理分布 原产于北美洲东南部。全市及全省各地有栽培。

主要用途 优良的采脂树种；木材供建筑、胶合板、造纸等用；也是优美的庭园观赏树。

009 马尾松

学名 ***Pinus massoniana*** **Lamb.** **属名** 松属

形态特征 常绿乔木，高达40m。树冠宽塔形或伞形；树皮红褐色，不规则鳞片状开裂。枝条平展，淡黄褐色；冬芽卵状圆柱形或圆柱形，赤褐色。叶2针1束，细柔，两面有气孔线，边缘有细锯齿；叶鞘褐色至灰黑色，宿存。一年生小球果紫褐色，成熟时长卵形或卵圆形，栗褐色，有短梗，常下垂；鳞盾菱形，扁平或微隆起，鳞脐微凹，无刺或稀有短刺。花期4~5月，球果翌年10~11月成熟。

地理分布 见于全市各地；生于海拔700m以下的低山丘陵区。产于全省山区、半山区；分布于华东、华中、华南。

主要用途 木材纹理直，结构粗，耐水湿，为矿柱、枕木等用材；成年树可采割松脂；花粉可掺入糕点食用。

010 日本五针松

学名 ***Pinus parviflora*** Sieb. et Zucc. 属名 松属

形态特征 常绿乔木，在原产地高达 25m。树冠圆锥形；树皮暗灰色至灰褐色。小枝平展，密生淡黄色柔毛。叶 5 针 1 束，边缘具锯齿，背面暗绿色，无气孔线。球果卵圆形或卵状椭圆形，成熟时淡褐色。种子倒卵形或卵圆形，黑褐色，种翅三角形。花期 4 月，球果翌年 9~10 月成熟。

地理分布 原产于日本。全市及全省各地有栽培。

主要用途 树形优美，针叶细短，多以黑松为砧木嫁接后作盆景和观赏树。

011 黄山松

学名 ***Pinus taiwanensis*** Hayata　　属名 松属

形态特征　常绿乔木，高达 30m。树冠呈伞盖状或平顶；树皮深灰褐色，呈不规则鳞状厚块片开裂。大枝轮生，平展或斜展，一年生小枝淡黄褐色或暗红褐色，无毛；冬芽栗褐色，卵圆形或长卵圆形，芽鳞先端尖，边缘薄，有细缺刻。叶 2 针 1 束，稍硬直，边缘有细锯齿，两面有气孔线。球果卵圆形，熟时暗褐色或栗褐色，宿存于树上数年不脱落。花期 4~5 月，球果翌年 10 月成熟。

生境与分布　见于余姚、鄞州、奉化、宁海；生于海拔 700m 以上的山区。全省山区普遍有产；分布于华东、华中。

主要用途　材质坚硬，耐久用，可供桥梁、家具和建筑等用材；成年树可采松脂；枝条及针叶可作造纸原料；松针可提芳香油；松花粉可制保健品。

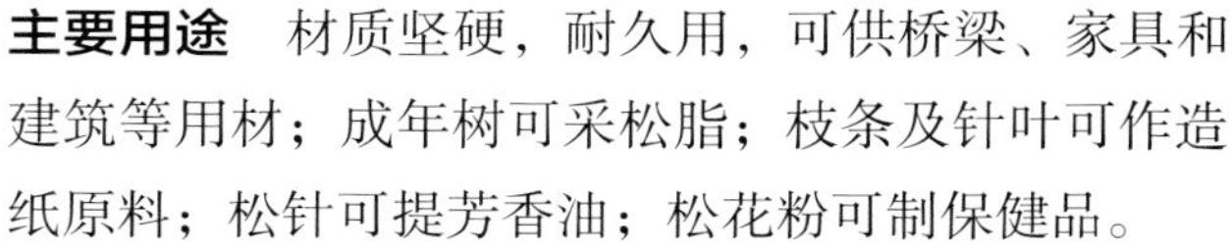

012 黑松

学名 ***Pinus thunbergii*** Parl.　　属名 松属

形态特征 乔木，在原产地高达 30m。树皮灰黑色，裂成块状脱落。小枝橙黄色，无毛；冬芽长圆形，银白色。叶 2 针 1 束，深绿色，粗硬，边缘有细锯齿，背腹面均有气孔线。球果圆锥状卵圆形，有短梗，向下弯曲，熟时褐色；鳞盾肥厚，横脊明显，鳞脐微凹，有短尖刺。种子灰褐色，倒卵状椭圆形。花期 4 月，球果 10 月成熟。

地理分布 原产于日本、朝鲜半岛。全市及全省各地有栽培。

主要用途 用于房屋建筑、船舶、家具等用材，为海岛的主要造林树种；可作日本五针松的嫁接砧木。

附种 1 花叶松（金叶黑松）'Aurea'，具黄色针叶。奉化有栽培。

附种 2 寸梢黑松 'Cunshao'，针叶粗短。镇海有栽培。

花叶松 金叶黑松

寸梢黑松

013 矮松

学名 ***Pinus virginiana*** Mill. 属名 松属

形态特征 常绿小乔木，在原产地高 15m。枝平展或下垂，小枝暗褐红色，有白粉；冬芽矩圆形，深褐色，富树脂。叶 2 针 1 束，长 4~8cm，刚硬，常扭曲。球果圆锥状卵圆形或矩圆形，长 4~6cm，红褐色，有光泽，熟时种鳞张开，宿存树上数年不落。

地理分布 原产于北美洲。市区有栽培。

主要用途 生长较慢，树干常扭曲，可栽培供观赏，也可作盆景。

014 金钱松 金松

学名 ***Pseudolarix amabilis*** (Nels.) Rehd. 属名 金钱松属

形态特征 落叶乔木，高达54m。叶条形，镰刀状弯曲或直，长枝上的叶辐射伸展，短枝上的叶15~30枚簇生，平展呈圆盘形，秋季呈金黄色。球果卵圆形或倒卵圆形，有短梗，熟时褐黄色；种鳞三角状披针形，先端渐尖，有凹缺，基部呈心脏形；苞鳞卵状披针形，边缘有细齿。种子倒卵形或卵圆形，种翅三角状披针形。花期4月，球果10月成熟。

生境与分布 见于余姚、鄞州、奉化、宁海；生于海拔1000m以下的山坡、沟谷，常散生于阔叶林、毛竹林中；各地多有栽培。产于湖州、杭州、绍兴、台州、丽水、衢州及永嘉；分布于华东、华中及四川等地。

主要用途 国家Ⅱ级重点保护野生植物。世界五大庭园树种之一；优良用材树种；根皮和近根基干皮入药，名“土荆皮”，对治疗疔疮和顽癣有显著效果。

杉科 Taxodiaceae*

015 柳杉

学名 ***Cryptomeria japonica*** (Thunb. ex Linn. f.) D. Don var. ***sinensis*** Miq. 属名 柳杉属

形态特征 常绿乔木，高达54m。树皮红棕色，深纵裂或裂成长条片脱落。大枝近轮生，平展或斜展，小枝细长，常下垂。叶钻形，先端内弯，幼树及萌生枝上的叶长达2~4cm，果枝上的叶长不及1cm。球果圆球形或扁球形；种鳞约20枚，每一能育种鳞有2粒种子。种子褐色，三角状椭圆形，扁平，边缘有窄翅；子叶3枚，稀4枚，出土。花期4月，球果10~11月成熟。

生境与分布 见于余姚、北仑、鄞州、奉化、宁海、象山；生于海拔800m以下的山地；全市各地有栽培。产于丽水及临安、天台；分布于长江以南各省区，西至西南，南至华南北部。

主要用途 树形优美，供观赏；树皮入药，可治癣疮；材质较轻，可供建筑、家具等用材。

附种 日本柳杉 ***C. japonica***，叶直而斜伸，先端不内曲；每一能育种鳞有2~5粒种子。原产于日本。余姚、鄞州、奉化、宁海、象山有栽培。

日本柳杉

* 本科宁波有7属8种2变种5品种，其中栽培7种1变种5品种；本图鉴收录6属7种2变种2品种。

016 杉木

学名 ***Cunninghamia lanceolata*** (Lamb.) Hook. 属名 杉木属

形态特征 常绿乔木，高达35m。树冠圆锥形；树皮灰褐色，裂成长条片脱落，内皮红褐色。大枝平展，小枝近对生或轮生，幼枝绿色，光滑无毛。叶披针形或条状披针形，革质，先端急尖，叶下面沿中脉两侧各有1条白色气孔带。球果卵圆形或近球形；苞鳞革质，三角状卵形，先端有刺状尖头，边缘有不规则的锯齿；种鳞小，先端3裂，腹面着生3粒种子。种子扁平，两侧边缘有窄翅。花期3~4月，球果10月成熟。

生境与分布 见于余姚、北仑、鄞州、奉化、宁海、象山；生于海拔800m以下的山地丘陵；全市各地有栽培。产于全省山地丘陵；秦岭和大别山以南各省均有分布；越南北部也有。

主要用途 木材纹理直，材质轻，为建筑、桥梁、家具、农具的优良用材。

017 水杉

学名 ***Metasequoia glyptostroboides*** Hu et Cheng　属名 水杉属

形态特征　落叶乔木，高达 35m。树干基部通常凸凹不平；树皮灰褐色，裂成薄片状脱落。小枝下垂，树冠广圆形；冬芽卵圆形或卵状椭圆形。叶条形，上面淡绿色，下面色较淡，沿中脉有 2 条淡黄色气孔带，每带有 4~8 条气孔线；叶在侧生小枝上排成 2 列，呈羽状，冬季与枝一起脱落。球果近圆球形或四棱状球形，下垂，熟时深褐色。种子扁平，周围有翅，先端凹缺。花期 3 月，球果 10 月成熟。

地理分布　原产于湖北、湖南、重庆。全市及全省各地普遍栽培。

主要用途　我国特有树种，国家 I 级重点保护野生植物。材质轻软，易加工，多用于板壁和室内装修；又是造纸材料；也栽为观赏树和四旁绿化树种。

附种　**金叶水杉** ‘Gold Rush’，叶金黄色。慈溪、北仑、奉化有栽培。

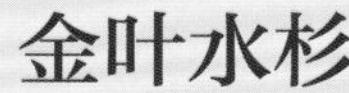

金叶水杉

018 北美红杉

学名 ***Sequoia sempervirens*** (Lamb.) Endl. 属名 北美红杉属

形态特征 常绿乔木，在原产地高达110m。树皮红褐色，纵裂，厚度大。枝条水平开展，树冠圆锥形；主枝的叶卵状长圆形；侧枝的叶条形，先端急尖，基部扭转排成2列，无柄，上面深绿色或亮绿色，下面有2条白色气孔带，中脉明显。球果卵状椭圆形或卵圆形，淡红褐色；种鳞盾形，顶部有凹槽，中央有1小尖头。种子椭圆状长圆形，淡褐色，两侧有翅。花期4月，球果10月成熟。

地理分布 原产于美国加利福尼亚州海岸地带。鄞州、奉化有栽培。

主要用途 速生用材树种，材质优良，可培育为大径材；树姿雄伟，枝叶稠密，为优良的园林观赏树种。

019 台湾杉 秃杉

学名 ***Taiwania cryptomerioides*** Hayata　属名 台湾杉属

形态特征　常绿乔木，在原产地高达 75m。树皮淡褐灰色，裂成不规则的长条片，内皮红褐色；树冠尖塔形或圆锥形。大树上的叶四棱状钻形，先端尖或钝，四面有气孔线；幼树及萌生枝上的叶钻形，两侧扁平，直伸或向内弯曲，先端急尖。球果圆柱形或长椭圆形，熟时褐色；种鳞宽倒三角形，先端有凸起的尖头，鳞背露出部分有气孔线。种子倒卵形或长椭圆形，两侧边缘具翅。花期 4 月，球果 10~11 月成熟。

地理分布　原产于西南及台湾、湖北。余姚、鄞州、奉化有栽培。

主要用途　国家Ⅱ级重点保护野生植物。材质轻软，结构细，纹理直，易加工，为建筑、桥梁、车辆、船舶及家具的优良用材；树姿优美，叶四季翠绿，是优美的庭园观赏树种。

020 池杉

学名 ***Taxodium distichum*** (Linn.) Rich. var. ***imbricatum*** (Nutt.) Croom 属名 落羽杉属

形态特征 落叶乔木，在原产地高达25m。树冠狭窄；树干基部膨大；在低湿地常有膝状呼吸根。一、二年生枝褐色。叶二型；条形叶在侧生小枝上排成2列，互生，羽状；钻形叶螺旋状排列，贴近小枝。雌雄同株；雄球花多数排成总状或圆锥状；雌球花单生。球果圆球形，黄褐色。种子不规则三角形。花期3~4月，球果10~11月成熟。

地理分布 原产于北美洲。全市及省内外普遍栽培。

主要用途 极耐水湿，较耐水淹，为优良的湿地及四旁绿化树种；可供材用，但材质一般。

附种1 落羽杉 *T. distichum*，树冠较宽广；叶全为条形，长1~1.5cm，排成羽状2列，疏散；侧生小枝排成2列。原产于北美洲。全市常见栽培。

附种2 墨西哥落羽杉 *T. mucronatum*，半常绿；叶全为条形，长1cm，排成羽状2列，紧密；侧生小枝螺旋状排成；果及种子远小于池杉。原产于墨西哥和美国西南部。慈溪、鄞州有栽培。

附种3 中山杉 *T. distichum* × *T. mucronatum* 'Zhongshanshan'，半常绿；叶全为条形，螺旋状排列；脱落性小枝的长、宽均大于墨西哥落羽杉；果、种子大小介于池杉和墨西哥落羽杉。由中国科学院南京植物研究所育成。慈溪、余姚、鄞州、奉化、宁海、象山有栽培。

落羽杉

墨西哥落羽杉

中山杉

柏科 Cupressaceae*

021 日本扁柏

学名 ***Chamaecyparis obtusa*** (Sieb. et Zucc.) Endl.　　属名 扁柏属

形态特征　常绿乔木，在原产地高达 40m。树皮红褐色，光滑，呈长条状薄片剥落。生鳞叶的小枝下面被白粉。鳞叶肥厚，先端钝，两侧鳞叶较中间鳞叶稍短。球果圆球形，熟时红褐色；种鳞 4 对，每种鳞有 2~3 粒种子。种子近圆形，两侧有窄翅。花期 4 月，球果 10 月成熟。

地理分布　原产于日本。余姚、北仑、鄞州、奉化、宁海、象山有栽培。

主要用途　木材轻软致密、光泽美观、有香气，可供建筑、桥梁、家具等用材；能抗二氧化硫，适宜厂区栽植。

附种 1　云片柏 'Breviramea'，小枝先端圆钝，片片如云。余姚、鄞州、奉化、宁海、象山有栽培。

附种 2　孔雀柏 'Tetragona'，叶密集翠绿，排列似孔雀之尾。余姚、奉化、宁海、象山有栽培。

* 本科宁波有 9 属 15 种 1 变种 16 品种，其中栽培 13 种 1 变种 16 品种；本图鉴收录 8 属 12 种 11 品种。

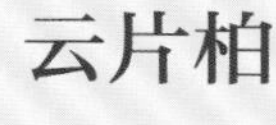

云片柏

孔雀柏

日本花柏

学名 ***Chamaecyparis pisifera*** (Sieb. et Zucc.) Endl.　　属名 扁柏属

形态特征　常绿乔木，在原产地高达 50m。树皮红褐色，裂成长条状薄片剥落；树冠尖塔形。生鳞叶的小枝扁平，排成一平面。鳞叶先端急尖，侧面的鳞叶较中间的鳞叶稍长，小枝下面的鳞叶有明显的白粉。球果圆球形，熟时暗褐色；种鳞 5~6 对，顶部中央微凹，内有凸起的小尖头，能育的种鳞各有 1~2 粒种子。种子三角状卵圆形，有棱脊，两侧有宽翅。

地理分布　原产于日本。余姚、北仑、鄞州、奉化、宁海、象山有栽培。

主要用途　可供建筑、家具等用材；树型优美，为良好的园林绿化树种。

附种 1　线柏 'Filifera'，小枝细长下垂。余姚、奉化、象山有栽培。

附种 2　金线柏 'Filifera Aurea'，小枝细长而下垂，具金黄色叶。奉化有栽培。

附种 3　羽叶花柏 'Plumosa'，鳞叶柔软，开展呈羽毛状。余姚、奉化、宁海有栽培。

附种 4　绒柏 'Squarrosa'，叶刺状，柔软不扎手，背面白色气孔带明显。余姚、宁海、象山有栽培。

线柏

金线柏

羽叶花柏

绒柏

023 柏木

学名 *Cupressus funebris* Endl. 属名 柏木属

形态特征 常绿乔木，高达 30m。树皮灰褐色，裂成窄长条片。生鳞叶的小枝扁，排成一平面，下垂，两面同形，较老的小枝圆柱形，暗褐紫色，略有光泽。鳞叶二型，中央之叶的背部有腺点，两侧的叶对折，背部有棱脊；萌生枝上具刺叶。球果圆球形，熟时暗褐色；种鳞 4 对，能育种鳞有 5~6 粒种子。花期 3~4 月，球果翌年 8 月成熟。

地理分布 产于杭州、台州等地，多生于石灰岩地区；分布于华中及安徽、福建、广西、四川、贵州。慈溪、余姚、镇海、北仑、鄞州、奉化、宁海、象山有栽培。

主要用途 造船、建筑、家具等优良用材；枝叶可提芳香油；树姿优美，可孤植或列植供观赏。

024 福建柏

学名 ***Fokienia hodginsii*** (Dunn) Henry et Thomas　属名 福建柏属

形态特征　常绿乔木，高达 30m。树冠广展，树皮紫褐色，平滑或纵裂。大枝横展，二、三年生枝褐色，光滑，圆柱形。鳞叶大，呈节状，两侧具有明显的白色气孔带，先端渐尖或急尖；大树上的叶较小，两侧的叶先端微内曲，急尖或微钝。球果近球形；种鳞木质，盾形，顶部多角形，表面皱缩微凹，中间有 1 小尖头凸起。种子卵形，上面有 2 个大小不等的薄翅。花期 3~4 月，种子翌年 10 月成熟。

地理分布　产于丽水及泰顺；分布于西南及福建、江西、湖南、湖北、广东、广西；越南也有。余姚、鄞州、象山有栽培。

主要用途　国家Ⅱ级重点保护野生植物。纹理细致，坚实耐用，可供建筑、雕刻、家具、农具等用材；树形优美，可作庭园观赏树。

025 刺柏

学名 ***Juniperus formosana*** Hayata　　属名 刺柏属

形态特征 常绿乔木，高达 12m。树皮褐色或灰褐色，纵裂成长条片脱落；枝条斜展或直展，树冠圆柱形或塔形。小枝下垂，三棱形。刺叶，3 枚轮生，条形或条状披针形，先端渐尖具锐尖头，上面微凹，中脉微隆起，绿色，两侧各有 1 条白色或淡绿色气孔带，下面绿色，有光泽，具纵钝脊。球果近球形或宽卵圆形，肉质，熟时淡红褐色，被白粉或白粉脱落。种子半月形，具 3~4 棱脊。

生境与分布 见于慈溪、余姚、北仑、鄞州、奉化、宁海、象山；多生于干燥瘠薄的山岗和山坡疏林地。产于全省山地丘陵；分布于淮河以南及台湾。

主要用途 供船舶、桩柱、农具、家具及细木工等用材；适宜庭园栽培供观赏。

026 侧柏

学名 ***Platycladus orientalis*** (Linn.) Franco　　属名 侧柏属

形态特征 常绿乔木，高达20m。树皮薄，浅灰褐色，纵裂成条片；树冠广圆形。生鳞叶的小枝向上直伸或斜展，扁平，排成一平面。叶鳞形。球果近圆球形，成熟前近肉质，蓝绿色，被白粉，成熟后木质，开裂，红褐色；中间两对种鳞背部顶端的下方有1向外弯曲的尖头。种子卵圆形或近椭圆形，灰褐色或紫褐色，无翅或有极窄之翅。花期3~4月，球果10月成熟。

地理分布 原产于我国除新疆、青海、西藏、海南外的各省区；朝鲜半岛也有。全市各地有零星栽培。

主要用途 材质细密，坚实耐用，供建筑、家具、农具等用材；为园林绿化树种。

附种1　洒银柏 'Argentea'，鳞叶略带黄色，顶端叶色银白。慈溪有栽培。

附种2　金枝千头柏 'Aurea'，植株上部枝叶黄绿色。全市各地有栽培。

附种3　千头柏 'Sieboldii'，植株丛生状，树冠卵圆形或圆球形；小枝直展。全市各地有栽培。

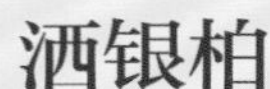

金枝千头柏

千头柏

027 圆柏

学名 ***Sabina chinensis*** (Linn.) Ant.　　属名 圆柏属

形态特征 常绿乔木，高达20m。树皮深灰色或淡红褐色，裂成长条片剥落；树冠广卵形或圆锥形。生鳞叶的小枝近圆柱形。叶二型，幼苗期多为刺叶，中龄树和老树兼有刺叶与鳞叶；当树体生长不良或光照不足，则刺叶比例增加；刺叶通常3叶轮生，排列稀疏，有2条白粉带；鳞叶先端急尖，交叉对生，间或3叶轮生，排列紧密。球果翌年成熟，近圆球形，暗褐色，被白粉。种子卵圆形，扁，顶端钝，有棱脊。

生境与分布 见于鄞州、奉化、象山；生于悬崖峭壁上；各地普遍栽培。产于杭州及安吉、磐安；分布于华北、西北、华南、西南；日本、朝鲜半岛、缅甸、俄罗斯也有。

主要用途 浙江省重点保护野生植物。木材坚韧致密，供房屋建筑、家具及细木工等用材；常作庭园绿化树种。

附种1 龙柏 'Kaizuca'，鳞叶排列紧密，枝条螺旋盘曲向上生长，好像盘龙姿态，故名“龙柏”。全市各地有栽培。

附种2 鹿角柏 'Pfitzeriana'，丛生状灌木，枝条向四周伸展，针叶灰绿色。余姚有栽培。

龙柏

鹿角柏

028 铺地柏 匍匐柏

学名 ***Sabina procumbens*** (Endl.) Iwata et Kusaka 属名 圆柏属

形态特征 常绿匍地灌木。枝条沿地面扩展，褐色，密生小枝，枝梢及小枝向上升。刺叶3枚轮生，条状披针形，先端有角质锐尖头，基部下延，上面凹，有2条白色气孔带，气孔带常在上部汇合，绿色中脉仅下部可见，下面凸起，蓝绿色，沿中脉有细纵槽。球果近球形，熟时蓝黑色，被白粉。种子有棱脊。

地理分布 原产于日本。慈溪、余姚、北仑、鄞州、奉化、宁海、象山有栽培。全省及华东各地有栽培。

主要用途 用于绿化或供观赏。

附种 **沙地柏**（叉子圆柏）***S. vulgaris***，枝条上翘；鳞叶偏多，刺叶交叉对生。鄞州、奉化有栽培。

沙地柏 叉子圆柏

029 北美圆柏 铅笔柏

学名 ***Sabina virginiana*** (Sieb. ex Linn.) Ant. 属名 圆柏属

形态特征 常绿乔木，在原产地高达 36m。树皮红褐色；树冠圆锥形或尖塔形。生鳞叶的小枝细，四棱形。叶二型；鳞叶排列疏松，先端急尖或渐尖，背面下部有下凹腺体；刺叶较少，交叉对生，上面凹，被白粉。雌雄同株，稀异株。球果当年成熟，蓝紫色，被白粉，含种子 2 粒。种子卵圆形，有树脂槽。花期 3 月，球果 10~11 月成熟。

地理分布 原产于北美洲东部。全市各地有栽培。

主要用途 材质稍软，结构均匀致密，是制造铅笔杆的优良材料，也供家具和室内装饰；供绿化观赏。

030 北美香柏

学名 ***Thuja occidantalis*** Linn.　　属名 崖柏属

形态特征　常绿乔木，在原产地高达 20m。树皮红褐色或灰褐色；树冠塔形。当年生小枝扁，2~3 年后逐渐变成圆柱形。叶鳞形，先端尖，小枝上面的叶暗绿色，下面的叶灰绿色或淡黄绿色，中央鳞叶尖头下方有透明隆起的圆形腺点，主枝上鳞叶的腺点较侧枝的大，两侧的叶船形，叶缘瓦覆于中央叶的边缘，尖头内弯。球果幼时直立，绿色，成熟时淡红褐色，向下弯垂，长椭圆形。种子扁，两侧有翅。花期 3~4 月，球果 10-11 月成熟。

地理分布　原产于美国。余姚、北仑、鄞州、奉化、宁海、象山有栽培。

主要用途　可供家具和细木工用材；树形优美，为庭园观赏树。

031 罗汉柏

学名 ***Thujopsis dolabrata*** (Linn. f.) Sieb. et Zucc.　属名 罗汉柏属

形态特征　常绿乔木，在原产地高达20m。树皮薄，裂成长条片脱落。枝条斜伸，树冠尖塔形；生鳞叶的小枝平展，扁。鳞叶质地较厚，两侧的叶卵状披针形，先端通常较钝，微内曲，下面具一条较宽的粉白色气孔带；中央的叶稍短于两侧的叶，露出部分呈倒卵状椭圆形，先端钝圆或近三角状，具两条明显的粉白色气孔带。球果近圆球形，种鳞先端具一短尖头，发育种鳞具3~5粒种子。种子近圆形，两侧有窄翅。

地理分布　原产于日本。余姚有栽培。

主要用途　姿态优美，可作园景树或盆栽观赏。

罗汉松科 Podocarpaceae*

032 竹柏

学名 ***Nageia nagi*** (Thunb.) O. Kuntze　属名 竹柏属

形态特征　常绿乔木，高达20~25m。树皮红褐色或暗紫红色，成小块薄片脱落；树冠广圆锥形。叶长卵形、卵状披针形或披针状椭圆形，革质，有多数平行细脉，有光泽，基部楔形或宽楔形，向下窄成柄状。雄球花腋生，常呈分枝状，总梗粗短；雌球花单生叶腋，基部有数枚苞片，花后苞片不肥大成肉质种托。种子圆球形，成熟时假种皮暗紫色，有白粉；外种皮骨质，黄褐色，顶端圆，基部尖。花期3~4月，种子10月成熟。

地理分布　产于浙江南部和舟山；分布于福建、江西、湖南、广东、广西、四川。全市各地有栽培。

主要用途　优良的工艺用材和园林绿化树种；种子可提取工业用油。

* 本科宁波有2属4种1变种，全部为人工栽培。

033 罗汉松

学名 ***Podocarpus macrophyllus*** (Thunb.) Sweet 属名 罗汉松属

形态特征 常绿乔木，高达20m。树皮灰色或灰褐色，浅纵裂，成片脱落。枝开展，较密。叶条状披针形，微弯，长7~13cm，宽0.7~1.0cm，先端尖，基部楔形，上面深绿色，有光泽。雄球花穗状，腋生，常3~5个簇生于极短的总梗上，基部有数枚三角状苞片；雌球花单生叶腋，有梗，基部有少数钻形苞片。种子卵球形，熟时肉质假种皮紫黑色，有白粉，种托肉质圆柱形，红色或紫红色。花期4~5月，种子8~9月成熟。

地理分布 产于丽水、温州；分布于华东、西南及湖南、广东、广西；日本也有。全市及全省各地有栽培。

主要用途 材质优良，可加工，供家具、文体用具等用；树枝优美，枝叶稠密，常用于绿化观赏或制作盆景。

附种1 **短叶罗汉松** var. ***maki***，叶长3~6cm。全市各地有栽培。

附种2 **百日青** ***P. neriifolius***，叶先端有渐尖的长尖头，熟时肉质假种皮紫红色，种托肉质，橙红色。镇海、奉化有栽培。

附种3 **小叶罗汉松** ***P. wangii***，叶长1.5~4cm。慈溪、余姚、镇海、奉化、宁海、象山有栽培。

短叶罗汉松

百日青

小叶罗汉松

三尖杉科 Cephalotaxaceae*

034 三尖杉

学名 ***Cephalotaxus fortunei*** Hook.　属名 三尖杉属

形态特征　常绿乔木，高达 20m。树皮褐色或红褐色，裂成片状脱落。枝条细长，稍下垂。叶排成 2 列，披针状条形，常微弯，长 4~13cm，先端长渐尖，基部楔形或宽楔形，上面深绿色，中脉隆起，下面气孔带白色。雄球花 8~10 聚生成头状，生于去年生枝的叶腋；总花梗粗，基部及总花梗上部有苞片 18~24；雌球花具总梗。种子椭圆状卵形或近球形，假种皮成熟时紫色或红紫色。花期 4~5 月，种子翌年 8~10 月成熟。

生境与分布　见于慈溪、余姚、北仑、鄞州、奉化、宁海、象山；生于山谷、溪边湿润的阔叶混交林中；镇海有栽培。产于全省山区、半山区；分布于黄河流域以南各省区。模式标本采自宁波。

主要用途　植株含有三尖杉酯类和高三尖杉酯类生物碱，可治白血病；种子可制工业用油；木材坚实，韧性强，可供农具等用。

附种　**篦子三尖杉 *C. oliveri***，叶质硬，长 1.5~5cm，先端凸尖，基部截形或微呈心形，上面微拱圆，中脉微明显或中下部明显，下面白色气孔带较绿色边带宽。产于西南及江西、广东、湖南、湖北；越南也有。鄞州有栽培。国家Ⅱ级重点保护野生植物。

篦子三尖杉

* 本波有 1 属 3 种，其中栽培 1 种。

035 粗榧 木榧

学名 *Cephalotaxus sinensis* (Rehd. et Wils.) H. L. Li　属名 三尖杉属

形态特征 常绿灌木或小乔木，高 5~10m。树皮灰色或灰褐色，薄片状脱落。叶条形，在小枝上排成 2 列，通常直，基部近圆形，两面中脉明显隆起，下面有 2 条白色气孔带。雄球花头状生于叶腋，基部及总梗上有多数苞片；雌球花具长柄，常生于小枝基部。种子生于总梗的上端，卵圆形、椭圆状卵形，顶端中央有尖头，外被红褐色肉质假种皮。花期 3~4 月，种子翌年 10~11 月成熟。

生境与分布 见于慈溪、余姚、北仑、鄞州、奉化、宁海、象山；生于背阴山坡及溪谷杂木林中。产于安吉、临安、普陀、天台、临海、缙云、龙泉等地；分布于长江流域以南。

主要用途 我国特有树种。木材坚实，供农具及细木工等用；种子可制工业用油；药用价值同三尖杉；树姿雅观，供城市绿化与制作盆景。

红豆杉科 Taxaceae*

036 南方红豆杉 美丽红豆杉

学名 ***Taxus wallichiana*** Zucc. var. ***mairei*** (Lemé. et Lévl.) L. K. Fu et Nan Li 属名 红豆杉属

形态特征 常绿乔木，高达20m。树皮赤褐色或灰褐色，浅纵裂。叶通常较宽较长，多呈镰刀状，上部渐窄，先端渐尖，下面中脉带上局部有成片或零星的角质乳头状凸起或无，气孔带黄绿色，中脉带明晰可见，色泽与气孔带相异，呈淡绿色或绿色。种子微扁，上部较宽，呈倒卵圆形或椭圆状卵形，有钝纵脊，生于红色肉质杯状假种皮中。花期3~4月，种子11月成熟。

生境与分布 见于余姚、鄞州、奉化、宁海；零星散生于常绿阔叶林或混交林内；全市各地有栽培。产于全省山区、半山区；分布于长江流域以南。

主要用途 国家Ⅰ级重点保护野生植物。心材橘红色，边材淡黄褐色，纹理直，结构细，供建筑、车辆、家具与细木工等用材；树干挺直，枝叶浓绿，入秋假种皮鲜红色，是优良的园林绿化树种；植株体内含紫杉醇等物质，可供药用。

附种1 枷罗木 *T. cuspidate* var. *umbraculifera*，为东北红豆杉变种，株型小，枝密叶短。全市各地有栽培。

附种2 曼地亚红豆杉 *Taxus* × *media*，为日本红豆杉和欧洲红豆杉的天然杂交种，灌木状，株型紧凑，紫杉醇含量高。原产于美国、加拿大。全市各地有栽培。

* 本科宁波有2属3种2变种1杂交种1品种，其中栽培2种1变种1杂交种1品种；本图鉴收录2属1种2变种1杂交种1品种。

枷罗木

曼地亚红豆杉

037 榧树

学名 ***Torreya grandis*** Fort. ex Lindl. 属名 榧树属

形态特征 常绿乔木，高达25~30m。树皮淡黄灰色或灰褐色，不规则纵裂。一年生小枝绿色，二、三年生小枝黄绿色或绿黄色。叶条形，先端凸尖成刺状短尖头，上面亮绿色，中脉不明显，下面淡绿色，气孔带与中脉带近等宽。种子椭圆形、卵圆形、倒卵形或长椭圆形，熟时假种皮淡紫褐色，有白粉，先端有小凸尖头。花期4月，种子翌年10月成熟。

生境与分布 见于余姚、北仑、鄞州、奉化、宁海；生于温凉湿润的低山丘陵谷地针阔混交林中或呈散生或成群分布。产于浙江北部、中部和南部山区、半山区；分布于华东、华中、西南。

主要用途 国家Ⅱ级重点保护野生植物。边材白色，心材黄色，纹理直，结构细，有弹性，具芳香，不翘不裂，是建筑、造船、家具等优良用材；假种皮可提取芳香油；种子可食，又可榨油；树姿优美，供园林绿化，并可制作盆景。

附种 **香榧** 'Merrillii'，嫁接树，小枝下垂，三年生枝呈绿紫色或紫色；叶质较软。种子矩圆状倒卵形或圆柱形，微有纵浅凹槽，基部尖。特产于诸暨、东阳。慈溪、余姚、北仑、鄞州、奉化、宁海、象山有栽培。著名干果。

香榧

被子植物

木麻黄科 Casuarinaceae*

001 木麻黄

学名 ***Casuarina equisetifolia*** **Linn.** 属名 木麻黄属

形态特征 常绿乔木，高 8~16m。树冠狭三角形。树皮不规则纵裂，粗糙。大枝红褐色，末次分枝纤细下垂，节密易断，具 7~8 沟槽与棱，径不超过 1mm；每节上鳞叶通常 7，叶狭三角形，长约 1mm，紧贴小枝。雄花序顶生或侧生，棍棒状圆柱形，基部有覆瓦状排列的苞片；雌花序着生于短侧枝顶。果序侧生，椭圆形，长 1.5~2.5cm，径约 1.5cm；果苞外面被黄褐色绒毛，成长时渐脱。坚果小。花期 5~6 月，果期 8~11 月。

地理分布 原产于亚洲东南部及澳大利亚等地。全市各地有栽培；我国沿海地区有栽培。

主要用途 防风固沙能力极强，常作沿海防护林栽培，也可作绿篱或行道树。

附种 1 细枝木麻黄 *C. cunninghamiana*，鳞叶通常 8~10 枚，小枝径不及 1mm；果序径 8~10mm。原产于澳大利亚东部。慈溪、北仑、宁海、象山有栽培。

附种 2 粗枝木麻黄 *C. glauca*，鳞叶通常 12~16 枚，小枝径约 1.5mm。原产于澳大利亚东部。慈溪、北仑、鄞州、象山有栽培。

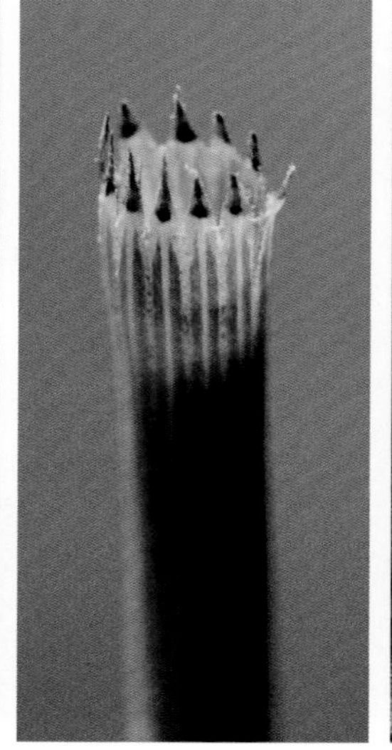

* 本科宁波有 1 属 3 种，全部为栽培。

细枝木麻黄

粗枝木麻黄

三白草科 Saururaceae*

002 蕺菜 鱼腥草

学名 ***Houttuynia cordata*** Thunb.　　属名 蕺菜属

形态特征 多年生有腥臭草本，高 15~60cm。根状茎白色，节上生不定根。叶心形或宽卵形，3~10cm×3~6cm，全缘，密生细腺点，下面紫红色；托叶膜质，下部与叶柄合生呈鞘状。穗状花序顶生或与叶对生，基部有 4 枚白色花瓣状总苞片。蒴果，顶端开裂。花期 5~8 月，果期 7~10 月。

生境与分布 见于全市各地；生于溪沟边、林缘阴湿地。产于全省各地；分布于陕西、甘肃、河南、湖北及长江以南各省区；日本也有。

主要用途 全草入药，有清热解毒、利尿消肿的功效；幼嫩茎及嫩根茎可作蔬菜；全草含鱼腥草素、挥发油和蕺菜碱等，浸液可作农药。

* 本科宁波有 2 属 3 种，其中栽培 1 种；本图鉴收录 2 种。

003 三白草 三张白

学名 ***Saururus chinensis*** (Lour.) Baill.　　属名 三白草属

形态特征　多年生草本，高 30~80cm。根状茎粗壮，白色，节上常生不定根。叶互生；阔卵形至卵状披针形，4~20cm × 2~10cm，密生腺点，先端渐尖或短尖，基部心状耳形，基出脉 5~7；叶柄基部与托叶合生成鞘状，略抱茎；上部叶较小，位于花序下的 2~3 叶常为乳白色花瓣状。总状花序白色，与叶对生；花小，生于苞片腋内；苞片卵圆形或近匙形，边缘有细缘毛。蒴果，分果瓣近球形，表面多疣状凸起。花期 4~7 月，果期 7~9 月。

生境与分布　见于慈溪、余姚、北仑、鄞州、奉化、宁海、象山；生于沟边、池塘边沼泽等近水低湿处。产于全省各地；分布于山东、青海、河南、河北、陕西及长江以南各省区；印度、日本、越南、菲律宾及朝鲜半岛也有。

主要用途　全草入药，有清热解毒、利尿消肿等功效。

胡椒科 Piperaceae*

004 草胡椒

学名 ***Peperomia pellucida*** (Linn.) Kunth　属名 草胡椒属

形态特征 一年生肉质草本，高 20~40cm。茎直立或基部有时平卧，下部节上常生不定根。叶互生；叶柄长 1~2cm；叶膜质，半透明，阔卵形或卵状三角形，长宽近相等，1~3.5cm，先端短尖或钝，基部心形，叶脉 5~7，基出。穗状花序生于茎顶，与叶对生，淡绿色，细弱，长 2~6cm；花极小，疏生。浆果球形，极小，先端尖。花期 4~7 月。

生境与分布 归化植物。原产于热带美洲。慈溪、北仑、象山及市区有逸生；生于石缝中、阴湿墙脚或花盆中。

* 本科宁波有 2 属 3 种，其中归化 1 种。

005 山蒟

学名 ***Piper hancei*** Maxim.　　属名 胡椒属

形态特征 攀援木质藤本。茎圆柱形，具细纵棱，节膨大，常生不定根。叶互生；叶近革质，狭椭圆形、长圆形或卵状披针形，4~12cm × 2~5cm，先端短渐尖或渐尖，基部渐狭或近楔形，叶脉 5 或 7，网状脉通常明显。花单性，雌雄异株，聚集成与叶对生的穗状花序；雄花序长 5~10cm；雌花序长约 3cm，果期延长。浆果球形，黄色。花期 3~6 月，果期 5~8 月。

生境与分布 见于慈溪、余姚、镇海、北仑、鄞州、奉化、宁海、象山；生于山地溪涧边、密林或疏林中，攀援于树上或石上。产于富阳、遂昌、常山、景宁、龙泉、平阳、泰顺；分布于华东及湖南、广东、广西、贵州、云南。

主要用途 全株药用，能祛风止痛，治咳嗽、感冒。

附种 风藤（细叶青蒌藤）***P. kadsura***，叶基部心形，稀钝圆；叶鞘仅在叶柄基部有。雄花序长 3~5.5cm；雌花序长 1~2cm。见于北仑、鄞州、奉化、宁海、象山；生于山谷、密林或疏林中，攀援于树上或阴山岩石上。

风藤 细叶青蒌藤

金粟兰科 Chloranthaceae*

006 丝穗金粟兰 水晶花

学名 ***Chloranthus fortunei*** (A. Gray) Solms-Laub. 属名 金粟兰属

形态特征 多年生草本。根状茎粗短，密生须根。茎直立，下部节上对生 2 鳞状叶。叶对生，通常 4 片生于茎上部，宽椭圆形、长椭圆形或倒卵形，3~12cm × 2~7cm，先端短尖，基部宽楔形，边缘有圆锯齿或粗锯齿，齿尖有 1 腺体，近基部全缘，嫩叶背面密生细小腺点，网脉明显；鳞状叶三角形；托叶条裂成钻形。穗状花序单一，顶生；苞片倒卵形；花白色，有香气。核果球形，淡黄绿色，有纵条纹。花期 4~5 月，果期 6~7 月。

生境与分布 见于慈溪、余姚、江北、北仑、鄞州、奉化、宁海、象山；生于低山坡阴湿处、溪沟旁、林下草丛中。产于全省丘陵山地；分布于湖北、山东及长江以南各省区。

主要用途 全草入药，治跌打损伤、毒蛇咬伤、关节疼痛等，但有毒，内服需慎重。

* 本科宁波有 2 属 5 种，其中栽培 1 种。

007 及己

学名 ***Chloranthus serratus*** (Thunb.) Roem. et Schult.　属名 金粟兰属

形态特征　多年生草本。根状茎横走，生多数土黄色须根。茎直立，具明显的节，下部节上对生2鳞状叶。叶对生，4~6片生于茎上部；叶长5~12cm，通常卵形、椭圆形、倒卵形或卵状披针形，5~15cm×2~6cm，先端渐窄至长尖，基部楔形，边缘具锐密锯齿，齿尖有1腺体；鳞状叶膜质，三角形。穗状花序顶生或腋生；苞片三角形或近半圆形，先端常具数齿裂；花小，白色；无花被。核果近球形或梨形，绿色。花期4~5月，果期6~8月。

生境与分布　见于余姚、北仑、奉化、宁海、象山；生于山坡林下或山谷溪边较阴湿处。产于全省丘陵山地；分布于湖北及长江以南各省区。

主要用途　全草入药，主治跌打损伤、风湿痹痛等，有毒，内服宜慎。

附种　宽叶金粟兰 ***C. henryi***，叶较宽大，长9~20cm，下面被鳞片状毛。见于北仑、鄞州；生于背阴山坡、溪谷林下的灌草丛中。

宽叶金粟兰

008 金粟兰 珠兰

学名 *Chloranthus spicatus* (Thunb.) Makino 属名 金粟兰属

形态特征 半灌木，直立或稍平卧。茎圆柱形。叶对生，椭圆形或倒卵状椭圆形，5~11cm × 2~5.5cm，先端急尖或钝，基部楔形，边缘具圆齿状锯齿，齿端有一腺体；叶柄基部多少合生；托叶微小。穗状花序排列成圆锥花序状，通常顶生；苞片三角形；花小，黄绿色，极芳香。花期 4~7 月，果期 8~9 月。

地理分布 分布于西南及福建、广东；日本也有。慈溪、鄞州、宁海及市区有栽培。

主要用途 全株入药，治风湿疼痛、跌打损伤，根状茎捣烂可治疔疮；也可作地被植物。

009 草珊瑚

学名 ***Sarcandra glabra*** (Thunb.) Nakai　　属名 草珊瑚属

形态特征　常绿亚灌木。茎、枝具膨大的节，有棱和沟。叶革质，卵状披针形至椭圆状卵形，5~20cm × 2~8cm，先端渐尖，基部楔形，边缘具锐锯齿，齿尖有 1 腺体；叶柄短，基部合生成鞘状；托叶钻形。穗状花序顶生，通常分枝；花小，两性，无花被；苞片三角形，黄绿色。核果球形，熟时红色。花期 6 月，果期 8~9 月。

生境与分布　见于北仑、鄞州、宁海、象山；生于阴坡、山沟、溪谷或较阴湿的草丛中。产于丽水、温州及临安、桐庐、开化；分布于湖北及长江以南各省区；东亚其他国家、东南亚也有。

主要用途　全株入药，用于清热解毒、祛风活血、抗菌消炎、接骨止痛；可作茶，近年来还用来治疗癌症。

杨柳科 Salicaceae*

010 响叶杨

学名 ***Populus adenopoda*** Maxim. 属名 杨属

形态特征 落叶乔木，高可达30m。幼树树皮灰白色，光滑，大树树皮深褐色，纵裂。叶卵状圆形或卵形，5~15cm × 4~7cm，基部宽楔形、截形、圆形或浅心形，边缘有圆钝锯齿，齿端具腺、内曲；叶柄上部侧扁，顶端有2枚杯状腺体。苞片深齿裂，具长缘毛。蒴果卵状长椭圆形，有短柄，2瓣裂。花期3~4月，果期4~5月。

生境与分布 见于慈溪、余姚、北仑、鄞州、奉化、宁海、象山；生于向阳林中。产于杭州及安吉、天台、遂昌、云和、泰顺等地；分布于华东、华中、广西、西南。

主要用途 材质轻软，供建筑、板料、器具及造纸用材；叶可作饲料；根皮、树皮及叶入药；可供园林绿化。

* 本科宁波有2属9种2杂交种1变种1变型3品种，其中引种栽培3种2杂交种1变型3品种；本图鉴收录7种1杂交种2品种。

011 加杨

学名 ***Populus* × *canadensis*** Moench　　属名 杨属

形态特征 落叶大乔木。树皮灰褐色，浅裂。叶三角形，长 7~10cm，基部心形，有 2~4 腺点；叶长略大于宽，叶深绿色，质较厚；叶柄扁平。

地理分布 全市及全国各地有栽培。

主要用途 园林绿化树种，也可作防风林。

012 垂柳

学名 ***Salix babylonica*** Linn. 属名 柳属

形态特征 落叶乔木，高 12~18m。小枝细长下垂。叶狭长披针形或条状披针形，8~16cm × 0.5~1.5cm，先端长渐尖，基部楔形，边缘有细锯齿，上面绿色，下面灰绿色，两面微被伏贴柔毛或无毛。花序先叶开放，基部有 3~4 枚较小的叶；苞片披针形，外面有毛，边缘具睫毛。蒴果。花期 3~4 月，果期 4~5 月。

地理分布 产于杭州及遂昌；分布于长江与黄河流域。全市及全国各地普遍栽培。

主要用途 湿地优良绿化树种；枝条可编筐；木材供制家具；树皮含鞣质，可提制栲胶；枝、芽、叶入药。

附种 **金丝垂柳 *S.* × *aureo-pendula*** 'J841'，枝条金黄色。全市各地有栽培。

金丝垂柳

013 银叶柳

学名 ***Salix chienii*** Cheng　　属名 柳属

形态特征　落叶乔木，高可达 12m。树皮褐色，纵裂。叶长椭圆形或披针形，2.5~5.5cm × 0.5~1.8cm，先端渐尖至钝尖，基部宽楔形至圆形，幼叶两面有毛，老叶下面银白色，有伏贴的绢状长柔毛，边缘有细浅锯齿；叶柄被绢状毛。花叶同放，雌、雄花序基部均有 3~7 枚较小的叶；苞片卵形，有缘毛。蒴果。花期 4 月，果期 5 月。

生境与分布　见于余姚、北仑、鄞州、奉化、宁海；生于溪沟边。产于丽水及临安、建德、临海、平阳等地；分布于华东、华中及广东。

主要用途　优良护岸固堤树种；枝条可供编织；根可治感冒发热、咽喉肿痛及皮肤瘙痒症。

014 杞柳

学名 ***Salix integra*** Thunb. 属名 柳属

形态特征 落叶灌木，高 1~3m。小枝淡黄色或淡红色，有光泽。叶近对生或对生，萌枝叶有时 3 叶轮生，椭圆状长圆形，2~5cm × 1~2cm，先端短渐尖，基部圆形或微凹，全缘或上部有尖齿，幼叶发红褐色，成叶上面暗绿色，下面苍白色，中脉褐色，两面无毛；叶柄短或近无柄而抱茎。花先叶开放，花序长 1~2.5cm，基部有小叶；苞片倒卵形。蒴果有毛。花期 5 月，果期 6 月。

地理分布 分布于东北及内蒙古、河北；东北亚也有。慈溪、北仑、鄞州及市区有栽培。

附种 **花叶杞柳** 'Hakuro Nishiki'，新叶粉红色或具粉红色、乳白色斑点。慈溪、镇海、北仑、鄞州及市区有栽培。

花叶杞柳

015 旱柳

学名 ***Salix matsudana*** Koidz.　属名 柳属

形态特征　落叶乔木，高 18m。枝直立或斜展，幼枝有毛。叶披针形，5~10cm×1~1.5cm，先端长渐尖，基部窄圆形或楔形，下面苍白色，边缘有具腺锯齿。花序与叶同时开放，雄花序长 1.5~2.5cm；雌花序基部有叶 3~5 片，花序轴基部的叶均被白色绒毛。果序长达 2.5cm。花期 3~4 月，果期 4~5 月。

生境与分布　见于全市各地；零星散生或成群生于平原地区。产于杭州；分布于长江以北地区。

主要用途　材质轻软，白色，用于建筑、器具、造纸等；良好的城乡绿化树种，可作固土防沙及沿海防护林树种。

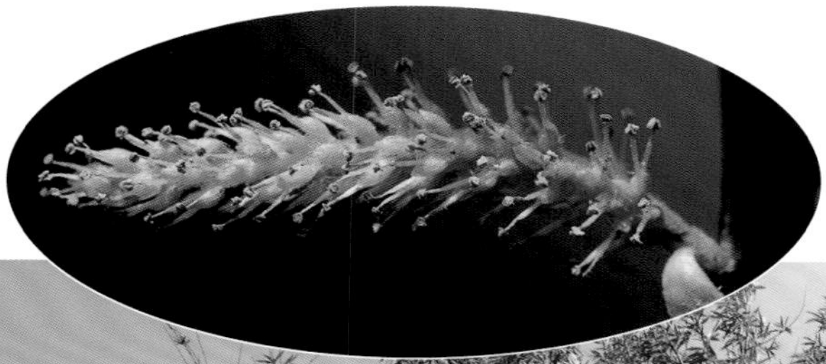

016 粤柳

学名 ***Salix mesnyi*** Hance　属名 柳属

形态特征　落叶小乔木。树皮灰褐色，片状剥落。当年生枝密生锈色短柔毛，后脱落。叶革质，长圆形、狭卵形或长圆状披针形，7~11cm × 3~5cm，先端细长渐尖或尾尖，基部微心形，叶脉明显凸起呈网状，边缘有粗腺锯齿。雄花序长 4~5cm，轴上密被灰白色短柔毛；雌花序长 3~6.5cm。蒴果卵形。花期 3 月，果期 4 月。

生境与分布　见于慈溪、鄞州、宁海、象山；生于低山丘陵的溪沟边或沼泽地。产于杭州；分布于华东及广东、广西。

主要用途　材质轻软，白色，用于建筑、器具、造纸等；良好的城乡绿化树种。

017 南川柳

学名 ***Salix rosthornii*** Seem.　　属名 柳属

形态特征　落叶乔木。树皮纵裂。叶椭圆形、椭圆状披针形或长圆形，4~8cm × 1.5~3.5cm，先端渐尖，基部楔形，边缘有整齐锯齿；叶柄被短柔毛，上端有腺体或无；萌枝上的托叶发达，肾形或扁心形。花叶同放；花序梗长 1~2cm，有 3~5 小叶；雄蕊 3~6，苞片卵形，基部有柔毛。蒴果。花期 3 月下旬至 4 月上旬，果期 5 月。

生境与分布　见于慈溪、余姚、北仑、鄞州、奉化、宁海、象山；生于溪沟边。产于杭州、嘉兴及安吉、天台等地；分布于华东、华中、西南、西北。

主要用途　可供湿地绿化及营造水源涵养林；木材可制农具。

杨梅科 Myricaceae*

018 美国蜡杨梅

学名 ***Myrica cerifera*** Linn. 属名 杨梅属

形态特征 常绿灌木或小乔木。小枝红褐色，幼时密被黄色腺点。叶揉碎后有浓烈香气，条状倒披针形至倒卵形，2~10.5cm×0.4~3cm，基部楔形，先端急尖至圆钝，边缘全缘或中部以上具粗锯齿；正面深绿色，背面黄绿色，两面具黄色或橙色腺点。花单性，雌雄异株；雄花序圆柱状，苞片短于花序，边缘具睫毛，雄蕊3~4；雌花具小苞片4，宿存，不增大或与果实合生，边缘具睫毛，基部密被腺点，子房先端密被腺点。核果球形，直径约3mm，外被蓝白色厚蜡质层。花期6~7月，果期9~10月。

地理分布 原产于北美洲。慈溪、鄞州、宁海、象山有栽培。

主要用途 耐盐碱，耐旱，耐水湿，可作沿海防护林及平原区绿化树种；叶子和果实具有药用价值。

* 本科宁波有1属2种，其中栽培1种。

019 杨梅 山杨梅

学名 ***Myrica rubra*** (Lour.) Sieb. et Zucc. 属名 杨梅属

形态特征 常绿乔木，高可达15m以上。树皮灰色。嫩枝叶常被圆形腺鳞。叶革质，常为椭圆状倒披针形，5~14cm×1~4cm，先端圆钝或急尖，基部楔形，全缘；萌芽枝及幼树的叶较大，中部以上有锯齿或羽状浅裂，下面有金黄色腺鳞。雌雄异株，稀同株；雄花序1至数条生于叶腋，圆柱状，雄花具小苞片4~5，雄蕊2~5，花药暗红色；雌花序常单生叶腋，雌花具小苞片3~4，子房具乳头状凸起，柱头2，鲜红色。核果球形，表面具乳头状凸起，熟时紫黑色、紫红色或白色，多汁液；果核木质坚硬，卵形而略扁。花期3~4月，果期6~7月。

生境与分布 见于全市各地；常散生于海拔600m以下的山沟、山坡阔叶林中。产于全省山区、半山区；分布于华东、华南、西南及湖南；日本、朝鲜半岛、菲律宾也有。

主要用途 夏季水果，也可制蜜饯、果汁、酿酒等；叶可提取芳香油；树皮、根皮及叶富含鞣质，可提制栲胶。

胡桃科 Juglandaceae*

020 山核桃

学名 ***Carya cathayensis*** Sarg. 属名 山核桃属

形态特征 落叶乔木，高可达 30m。树皮灰白色，平滑；冬芽为裸芽，与小枝、叶背、果实均密被黄褐色腺鳞。奇数羽状复叶；小叶 5~7，叶椭圆状披针形或倒卵状披针形，7~22cm × 2~5.5cm，先端渐尖，基部楔形，边缘有细锯齿；顶小叶柄长 5mm，侧小叶无柄。雄花序长 7.5~12cm，雄蕊 5~7，花药有毛；雌花 1~3 生于新枝顶。果卵状球形或倒卵形，具 4 纵脊，成熟时 4 瓣开裂至中部以下，干后果瓣边缘波状。花期 4~5 月，果期 9 月。

地理分布 产于杭州及安吉；分布于安徽。余姚、北仑、鄞州、象山有栽培。

主要用途 木本油料树种及著名干果；木材纹理直，坚韧，为优质的军工用材，但抗腐性弱。

附种 **美国山核桃**（薄壳山核桃）***C. illinoinensis***，冬芽为鳞芽，卵形，芽鳞外有灰色柔毛；小叶 11~17，侧生小叶微弯近镰形；果实长圆形，具 4~6 纵脊。原产于北美洲密西西比河河谷及墨西哥。余姚、鄞州、奉化、宁海、象山及市区有栽培。优良干果、木本油料、用材和绿化防护树种。

美国山核桃 薄壳山核桃

* 本科宁波有 5 属 7 种 1 变种，其中栽培 4 种；本图鉴收录 5 属 6 种 1 变种。

021 青钱柳 摇钱树

学名 ***Cyclocarya paliurus*** (Batal.) Iljinsk. 属名 青钱柳属

形态特征 落叶乔木，高 10~20m。树皮老时灰褐色，深纵裂；冬芽有褐色腺鳞。小枝密被褐色毛，后脱落。奇数羽状复叶；小叶 7~13，互生稀近对生，叶椭圆形或长椭圆状披针形，3~15cm × 1.5~6cm，先端渐尖，基部偏斜，边缘有细锯齿，叶上面中脉密被淡褐色毛及腺鳞，下面有灰色腺鳞，叶脉及脉腋有白色毛；叶轴有白色弯曲毛及褐色腺鳞。雄花序轴有白色毛及褐色腺鳞；雌花序有花 7~10，柱头淡绿色。果翅圆形似铜钱，柱头及花被片宿存。花期 5~6 月，果期 9 月。

生境与分布 见于余姚、镇海、北仑、鄞州、奉化、宁海、象山；生于山坡、溪谷、林缘或散生于潮湿森林内；慈溪有栽培。产于湖州、杭州、绍兴、衢州、台州、丽水、温州等地；分布于华东、华中、华南、西南及陕西。模式标本采自宁波。

主要用途 木材可作家具、细木、箱板、器具等；树皮含鞣质，为栲胶原料；嫩叶可作甜茶，有降糖、降脂、降压、提高免疫力等诸多功效；果实独特，树形优美，也可作园林观赏树种。

022 华东野核桃 华核桃

学名 ***Juglans cathayansis*** Dode var. ***formosana*** (Hayata) A. M. Lu et R. H. Chang 属名 胡桃属

形态特征 落叶乔木，高达 25m。树皮灰褐色浅纵裂。幼枝灰绿色，有腺毛、星状毛及柔毛。奇数羽状复叶；小叶 9~17，对生或近对生，无柄，叶卵形或卵状长圆形，8~15cm × 3~7.5cm，先端渐尖，基部圆形或近心形，斜歪，边缘有细锯齿，上面密被星状毛，下面有短柔毛及星状毛；叶柄及叶轴有黄色短毛。雄葇荑花序长 8.5~30cm，苞片及花被片有淡黄色毛；雌花序穗状，有花 5~10，密被红色腺毛，柱头紫红色。果卵状球形或卵形，密被腺毛；果核有 6~8 条纵脊和钝脊及不明显的沟纹或浅凹窝。花期 3~4 月，果期 9~10 月。

生境与分布 见于余姚、北仑、鄞州、奉化、宁海、象山；常散生于针阔混交林或阔叶林中。产于安吉、临安、淳安、武义、天台、遂昌、龙泉、永嘉；分布于华东、华南及湖南。

主要用途 果实可作干果；可作核桃砧木。

附种 核桃（胡桃）***J. regia***，小叶 5~9，椭圆状卵形或椭圆形，先端钝圆或微尖，全缘（幼树及萌芽枝上叶边缘有不整齐锯齿），除下面脉腋簇生毛外，其余无毛。广泛分布于西北、西南、华东及华中各省区；伊朗、吉尔吉斯斯坦、阿富汗也有。慈溪、余姚、北仑、鄞州、象山有栽培。著名干果、木本油料、用材及绿化树种。

核桃 胡桃

化香树 化树蒲

学名 ***Platycarya strobilacea*** Sieb. et Zucc. 属名 化香树属

形态特征 落叶乔木，常呈灌木状，高 3~15m。树皮灰色浅纵裂。复叶有小叶 5~11，对生或上部互生，无柄，叶卵状披针形或椭圆状披针形，3~14cm × 1~5cm，先端渐尖，基部近圆形，偏斜，边缘有细尖重锯齿，仅下面中脉或脉腋有毛，稀基部有毛。果序卵状椭圆形或长椭圆状圆柱形；苞片披针形，先端渐尖。小坚果连翅近圆形或倒卵状长圆形，两侧有窄翅。花期 5~6 月，果期 10 月。

生境与分布 见于全市各地；生于山谷或平地向阳处。产于全省山区、半山区；分布于华中、华南、西南；朝鲜半岛、日本也有。

主要用途 荒山绿化先锋树种；重要鞣料和纤维植物；根、叶有解毒、消肿、杀虫的效；果入药，可理气止痛；可作核桃和美国山核桃砧木。

024 枫杨 溪口树

学名 *Pterocarya stenoptera* C. DC. 属名 枫杨属

形态特征 落叶乔木，高 30m。树皮老时深纵裂，浅灰色至深灰色；裸芽，叠生副芽，密被锈褐色腺鳞。通常偶数羽状复叶；小叶 10~16，叶长椭圆形或长圆状披针形，4~12cm × 2~4cm，先端短尖或钝，基部偏斜，边缘有细锯齿，上面有细小腺鳞，下面有稀疏腺鳞，沿脉有褐色毛，脉腋具簇毛；叶轴两侧具窄翅。雄花序生于去年生枝的叶痕腋部；雌花序生于新枝顶，花序轴被柔毛。坚果具 2 斜上伸展的翅，翅革质，长圆形至长椭圆状披针形。花期 4 月，果期 8~9 月。

生境与分布 见于全市各地；生于溪边林中。产于全省各地；分布于华东、华中、华南、西南及陕西、辽宁、河北；朝鲜半岛也有。

主要用途 木材可制家具、茶箱、火柴杆等；树皮和枝叶含鞣质，入药治癣、湿疹等，也可提制栲胶；种子榨油，供工业用；可作核桃砧木；树冠浓密，可作行道树。

桦木科 Betulaceae*

桤木

学名 ***Alnus cremastogyne*** Burk. 属名 桤木属

形态特征 落叶乔木，高可达30~40m。树皮灰色；小枝褐色，无毛或幼时被淡褐色短柔毛；芽具柄，有2枚芽鳞。叶倒卵形至矩圆形，4~16cm×2.5~8cm，先端骤尖或锐尖，基部楔形或微圆，边缘具不明显而稀疏的钝齿，上面疏生腺点，下面密生腺点，脉腋间有时具簇生的髯毛，侧脉8~10对。雄花序单生。果序单生于叶腋，矩圆形；果序梗细软，下垂。果苞木质，顶端具5枚浅裂片；小坚果卵形，膜质翅宽仅为果的1/2。花期5~7月，果期8~9月。

地理分布 分布于四川、贵州、陕西、甘肃。慈溪、余姚、鄞州、宁海、象山有栽培。

主要用途 可作行道树和浅山绿化树种。

* 本科宁波有5属9种4变种，其中栽培4种；本图鉴收录4属7种4变种。

026 亮叶桦 光皮桦

学名 ***Betula luminifera*** H. Winkl.　　属名 桦木属

形态特征　落叶乔木，高达25m。树皮淡黄褐色或红褐色，具清香气；小枝具毛，疏生树脂腺体；芽鳞边缘被纤毛。叶宽三角状卵形或长卵形，4~10cm × 2.5~6cm，先端长渐尖，基部圆形、近心形或略偏斜，边缘具不规则的刺毛状重锯齿，叶下面具毛和腺点，沿脉疏生长柔毛，侧脉12~14对；叶柄具柔毛及腺点。雄花序顶生。果序单生叶腋，下垂；果苞中裂片披针形，中部以下的边缘具毛，侧裂片小，有时不发育而呈耳状；小坚果倒卵状长圆形，黄色，翅较果体宽2~3倍。花期3~4月，果期5月。

生境与分布　见于余姚、北仑、奉化、宁海、象山；生于山地阴坡。产于丽水及安吉、临安、建德、嵊州、新昌、江山、东阳、天台、临海；分布于华东、华中、西南及广东、广西、陕西、甘肃。

主要用途　木材坚硬，纹理细致，不裂，供枪托、航空、建筑、纱锭、家具、造纸等用；树皮富含单宁及油脂，是化工和医药原料。

027 华千金榆 南方千金榆

学名 *Carpinus cordata* Bl. var. *chinensis* Franch. **属名** 鹅耳枥属

形态特征 落叶乔木，高达15m。树皮灰褐色；小枝密被柔毛。叶宽卵圆形、长椭圆形，5~15cm×3.5~5.5cm，先端渐尖，基部心形，边缘具不规则重锯齿，齿端有芒，主、侧脉在两面均有长柔毛，侧脉20~25对；叶柄长1~2cm，密生长、短柔毛。果序长5~9cm，密生柔毛；果苞中脉位于裂片中央，宽卵形，背面脉上有毛，内侧基部有内折全包小坚果的裂片，外侧边缘具尖锐锯齿3~10枚。小坚果栗褐色，长圆形，有细肋脉约10条。花期5~6月，果期7~8月。

生境与分布 仅见于余姚四明山；生于海拔600m左右的山谷毛竹林中。产于安吉、临安、临海；分布于华东及湖北、四川。

主要用途 木材可作农具和家具用材；树形优美，叶清雅，可供园林观赏。

028 短尾鹅耳枥

学名 ***Carpinus londoniana*** H. Winkl. 属名 鹅耳枥属

形态特征 落叶乔木，高可达13m。树皮深灰色。叶厚纸质，长椭圆形至长卵形，4~10cm×2~3.5cm，先端长渐尖，基部圆楔形，边缘具重锯齿，下面脉腋间有簇毛，侧脉10~13对；叶柄较粗短，5~8mm，密被短柔毛。果序长4~8 cm，果序梗长1.5~2cm，密被短柔毛；果苞长约2cm，3裂，中裂片窄长，内侧全缘镰刀状弯曲，外侧有浅齿。小坚果扁卵形，具明显腺体。

生境与分布 见于北仑、鄞州、象山；生于湿润山坡或杂木林中。产于杭州及开化、仙居、天台、遂昌；分布于华东、西南及湖南、广西、广东；东南亚也有。

附种1 剑苞鹅耳枥 var. ***xiphobracteata***，叶边缘具缺刻状锯齿，重锯齿呈明显的齿组状，叶基楔形；果苞较大，长达2.8cm，中裂片内缘无齿，弯曲或直。见于鄞州；生于较湿润的低海拔山谷。模式标本采自宁波（鄞州）。

附种2 宽叶鹅耳枥 var. ***latifolia***，叶宽椭圆形，先端骤尖成尾状；果苞较宽，7~8mm。见于鄞州；生于较湿润的低海拔山谷。模式标本采自宁波。

剑苞鹅耳枥

宽叶鹅耳枥

多脉鹅耳枥

学名 ***Carpinus polyneura*** Franch. 属名 鹅耳枥属

形态特征 落叶乔木，高可达15m。树皮灰色；小枝细，栗褐色。叶长椭圆形至卵状披针形，3.5~8cm × 1.5~2.5cm，先端长渐尖，基部圆楔形，边缘具单锯齿或不明显重锯齿，沿脉被柔毛，下面脉腋间具簇毛，侧脉16~20对；叶柄长3~7mm。果序长4~6cm；果苞半卵形或半椭圆形，两面沿脉被柔毛，外侧基部无裂片，具锯齿，内侧基部微内折。小坚果扁球形，被短柔毛。

生境与分布 见于宁海、象山；生于海拔500m以下的山坡林中。产于建德、诸暨、天台、龙泉；分布于江西、福建、陕西、四川、贵州、湖北、湖南、广东。

030 普陀鹅耳枥

学名 *Carpinus putoensis* Cheng　　属名 鹅耳枥属

形态特征 落叶乔木，高约 10m。树皮青灰色；小枝密生黄褐色凸起大皮孔，密被褐色长柔毛，后渐稀疏。叶椭圆形至宽椭圆形，5~10cm × 3.5~5cm，先端渐尖，基部圆形、宽楔形至微心形，边缘具不规则的尖锐重锯齿，上面被长柔毛，下面被短柔毛，侧脉 11~15 对；叶柄粗壮，密生褐色柔毛。果序长 4~8cm；果苞大，中裂片半宽卵形至半球形，内缘全缘或上部有 2~4 浅锯齿，外缘具 6~8 对大小不等的粗锯齿，内侧基部具小裂片。小坚果宽卵形，宿存花被呈圆凸钝头状，具肋脉 6~9 条，有柔毛和腺体。

地理分布 特产于舟山普陀。余姚、镇海、鄞州有栽培。

主要用途 国家 I 级重点保护野生植物。

031 雷公鹅耳枥 大穗鹅耳枥

学名 *Carpinus viminea* Wall. ex Lindl. 属名 鹅耳枥属

形态特征 落叶乔木，高达20m。树皮灰色；小枝棕褐色，密生浅色细小皮孔。叶椭圆形至卵状披针形，6~11cm × 3~5cm，先端长渐尖或尾状渐尖，基部微心形或圆形，边缘具成组的重锯齿，下面沿脉有长柔毛，脉腋间具簇毛，侧脉11~15对；叶柄长1.5~3cm。果序棕褐色，有浅色细小皮孔，具稀疏柔毛；果苞内侧基部均有明显裂片，外侧基部有裂片或仅具齿裂以致无明显裂片，中裂片长，外缘有齿2~5，内缘直或弯，全缘或具1~2小齿。小坚果暗褐色，卵形，顶端具少数腺体，具肋脉约8条。花期4~6月，果期7~9月。

生境与分布 见于余姚、北仑、鄞州、奉化、宁海、象山；生于海拔200m以上的杂木林中。产于全省丘陵山地；分布于华东、华中、华南、西南。

032 川榛 黔榛

学名 *Corylus kweichowensis* Hu　　属名 榛属

形态特征 落叶灌木。枝灰褐色或黄褐色，具稀疏柔毛和腺毛，皮孔明显；芽褐色，卵圆形，顶端稍尖。叶椭圆形至近圆形，8~15cm × 6.5~10cm，先端急尖或成短尾尖，基部心形，边缘有不规则的重锯齿，上面疏被柔毛，下面无毛或仅沿脉上稀疏被毛，侧脉 3~7 对。雄花序通常 2~3 枚成总状着生出于枝顶叶腋，花药红色。果单生或 2~5 个簇生，果苞钟状，在果的上部不缢缩或略有缢缩，外面密被柔毛和腺毛，裂片先端锐尖，边缘疏生粗齿，少全缘；坚果近球形，红褐色或黄褐色，外被短绒毛。花期 3 月，果期 9~10 月。

生境与分布 见于余姚、奉化、宁海；生于海拔 600m 以上的山坡灌丛中。产于杭州、台州及安吉、磐安、泰顺；分布于华东、西南、西北及河南。

主要用途 果实可炒食或做糕点。

附种 **短柄榛** var. ***brevipes***，小枝密生腺毛和短柔毛；叶柄极短，密生腺毛和短柔毛。见于余姚；生于海拔 600m 以上的山坡灌丛中。

短柄榛

壳斗科（山毛榉科）Fagaceae*

033 锥栗 珍珠栗

学名 *Castanea henryi* (Skan) Rehd. et Wils. 属名 栗属

形态特征 落叶乔木，高达30m。幼枝光滑无毛。叶披针形、卵状披针形，8~20cm×2~5cm，先端长渐尖，基部圆形或楔形，齿端有芒状尖头，侧脉12~16对；托叶线形。雌花单独成花序，生于小枝上部叶腋；雄花序生于小枝下部叶腋。壳斗球形，刺上生有平伏毛；坚果单生于壳斗内，卵圆形，先端尖。花期5月，果期10~11月。

生境与分布 见于慈溪、余姚、北仑、鄞州、奉化、宁海、象山；生于低山、丘陵地带阔叶林中。产于全省山区、半山区；分布于长江流域以南至南岭以北。

主要用途 果可食；材质优于板栗；壳斗及树皮富含鞣质，可提制栲胶。

* 本科宁波有6属31种2变种，其中栽培7种；本图鉴收录28种2变种。

034 板栗

学名 *Castanea mollissima* Bl. 属名 栗属

形态特征 落叶乔木，高达20m。树皮灰褐色，不规则深纵裂。叶长椭圆形至长椭圆状披针形，8~20cm × 4~7cm，先端短渐尖，基部圆形或宽楔形，齿端有芒状尖头，下面被灰白色星状短绒毛；托叶宽卵形、卵状披针形。雄花序上每簇有雄花3~5；雌花生于雄花序的基部，常3朵集生于一总苞内。壳斗球形或扁球形，刺密生，其上密生细毛，内有坚果2~3；坚果暗褐色，其形状、大小、颜色、品质、成熟期等因品种各异。花期6月下旬，果期9~10月。

地理分布 产于除青海、新疆、宁夏、海南等少数省区外的全国各地；越南也有。全市及全国各地普遍栽培。

主要用途 果富含淀粉，是著名干果；木材心材黄褐色，纹理直，结构粗，坚硬耐水，材质优良；壳斗及树皮富含鞣质，可提制栲胶。

035 茅栗

学名 ***Castanea seguinii*** Dode　　属名 栗属

形态特征　落叶小乔木，常呈灌木状。幼枝被灰色绒毛，密生皮孔。叶倒卵状长椭圆形或长椭圆形，6~14cm × 4~5cm，边缘锯齿具短芒尖，下面被黄褐色或灰褐色腺鳞，无毛或幼时沿脉被稀疏毛；托叶宽卵形、卵形披针形。壳斗刺上疏生有毛或几无毛；坚果扁球形。花期 5 月，果期 9~10 月。

生境与分布　见于慈溪、余姚、北仑、鄞州、奉化、宁海、象山；生于海拔 300m 以上的向阳开阔山坡或山岗上。产于全省各地山区；广布于大别山以南、五岭南坡以北各地。

主要用途　果味甜，可食。

036 米槠

学名 *Castanopsis carlesii* (Hemsl.) Hayata　属名 锥属

形态特征　常绿乔木，高达25m。树皮灰白色，老时浅纵裂。叶薄革质，卵形、卵状披针形、卵状椭圆形，4~12cm×1~4.5cm，先端尾尖或长渐尖，基部楔形，偏斜，全缘或中部以上有2~3个锯齿，下面幼时被灰棕色粉状鳞秕，老时苍灰色，侧脉9~12对。雄花序单一或有分枝；雌花单生于总苞内。壳斗近球形，不规则瓣裂，苞片贴生，鳞片状，排列成间断的6~7环；坚果卵圆形。花期3~4月，果期翌年10月。

生境与分布　见于慈溪、余姚、镇海、北仑、鄞州、奉化、宁海、象山；生于山坡阔叶林中。产于全省丘陵山地；分布于东南沿海各省。

主要用途　木材淡黄褐色，纹理直，略坚重，油漆及胶黏性能好，但易裂易蛀，可供建筑、造船、农具、家具及羽毛球拍等用材；坚果味甜可食用；枝叶稠密，花白色茂密，新叶艳丽，可供观赏。

037 甜槠

学名 ***Castanopsis eyrei*** (Champ. ex Benth.) Tutch. **属名** 锥属

形态特征 常绿乔木，高达 20m。树皮灰褐色，浅纵裂；枝条散生凸起皮孔。叶互生；叶卵形至卵状披针形，5~13cm × 1.5~5.5cm，先端尾尖或渐尖，基部宽楔形或圆形，歪斜。雌花单生于总苞内。壳斗卵球形，顶端狭，3 瓣裂，小苞片刺形，基部合生成束，排成间断的 4~6 环；坚果宽卵形至近球形。花期 4~5 月，果期翌年 9~11 月。

生境与分布 见于余姚、北仑、鄞州、奉化、宁海、象山；生于常绿阔叶林或针阔混交林中，常为主要树种；慈溪有栽培。产于全省丘陵山地；分布于除海南、云南外的长江以南各省区。

主要用途 材质坚久耐用，不易变形，供桥梁、枕木、矿柱、建筑、车辆等用；种子富含淀粉及可溶性糖，味甜可生食；枝叶浓密，新叶鲜艳，可供观赏。

038 栲树 丝栗栲

学名 ***Castanopsis fargesii*** Franch. 属名 锥属

形态特征 常绿乔木，高达30m。树皮浅裂；小枝被红棕色鳞秕，早落。叶长椭圆形至椭圆状披针形，6.5~15cm × 2~5cm，先端渐尖，基部楔形或圆形，稍歪斜，全缘或先端具1~3对浅齿，下面密生锈褐色鳞秕，侧脉10~15对。雄花序圆锥形；雌花单生于总苞内。壳斗近球形，苞片针刺形，不分叉或2~3次分叉，呈鹿角状，排成间断的4~6环；坚果球形，果脐和基部等大。花期4~5月，果期9~10月。

生境与分布 见于余姚、镇海、北仑、鄞州、奉化、宁海、象山；生于海拔600m以下的山坡谷地林中。产于丽水及建德、开化、天台、泰顺；分布于长江以南各省区。

主要用途 果可生食；木材纹理直，结构略粗，坚久不裂，供建筑、造船、枕木、农具、家具等用；树干挺拔，枝叶茂密，白花繁茂，新叶金黄，可供观赏。

039 苦槠

学名 ***Castanopsis sclerophylla*** (Lindl. et Paxt.) Schott　属名 锥属

形态特征　常绿乔木，高达 15m。树皮灰白色，浅纵裂；小枝具棱。叶厚革质，长椭圆形至卵状长圆形，7~15cm × 2~6cm，先端短尖至狭长渐尖，基部宽楔形至近圆形，边缘中部以上疏生锐锯齿，下面具银灰色蜡质层；侧脉 10~14 对。雌花单生于总苞内。壳斗深杯状，全包或近全包坚果，外有肋状凸起及褐色细绒毛，成熟时不规则开裂。花期 4~5 月，果期 10~11 月。

生境与分布　见于全市各地；生于低山、丘陵，常成为阔叶林主要树种。产于全省各地；分布于长江以南、五岭以北各地。

主要用途　木材坚韧，富弹性，耐水湿，供建筑、造船、车辆、运动器械、农具等用；坚果味苦，可炒食或制“苦槠豆腐”；耐旱喜阳，可造防风、防火林；枝叶浓密，花繁茂，适应性强，可供观赏。

040 黧蒴栲 黧蒴锥

学名 ***Castanopsis fissa*** (Champ. ex Benth.) Rehd. et Wils. **属名** 锥属

形态特征 常绿乔木，高可达20m。嫩枝具纵棱。叶长椭圆形或倒卵状椭圆形，15~25cm × 5~9cm，先端急尖或圆，基部楔形，沿叶柄下延，边缘有钝锯齿或波状齿，下面被灰黄色或灰白色鳞秕，侧脉15~20对，直达齿尖，叶柄长1~2.5cm。雄花序为圆锥花序。果序长8~18cm，壳斗圆球形或宽椭圆形，被暗红褐色粉末状蜡鳞，小苞片鳞片状，三角形或四边形，通常全包坚果；坚果栗褐色，卵球形。花期4~5月，果期10~11月。

地理分布 产于苍南；分布于华南、西南及湖南、江西；越南、老挝也有。象山有栽培，可天然下种更新，但风倒普遍。

钩栲

学名 ***Castanopsis tibetana*** Hance 属名 锥属

形态特征 常绿乔木，高达 30m。树皮暗灰色，薄片状剥落。叶互生；叶厚革质，长圆形或椭圆形，15~30cm × 5~10cm，先端渐尖或突尖，基部圆形或宽楔形，边缘中部以上具锯齿，叶下面被红褐色或灰棕色鳞秕，老时变为灰白色，侧脉 14~18 对。花单性，雌雄同株；雄花序圆锥状或穗状，较疏散；雌花单生于总苞内。壳斗具 1 果，球形，4 瓣裂，苞片针刺状，粗硬；坚果扁圆锥形。花期 4~5 月，果期翌年 8~10 月。

生境与分布 见于奉化、宁海；生于较湿润的沟谷、山坡阔叶林中。产于杭州、丽水及开化、泰顺、平阳；分布于华东、华中、华南、西南。

主要用途 木材纹理直，结构略粗，耐水耐腐，坚久耐用，为建筑、造船、家具等用材；树冠宽大，叶背鳞秕明显，可供观赏。

赤皮青冈

学名 ***Cyclobalanopsis gilva*** (Bl.) Oerst. 属名 青冈属

形态特征 常绿乔木，高达20m。小枝、芽均密生黄褐色星状绒毛。叶倒披针形或倒卵状长椭圆形，6~12cm × 2~3.5cm，先端短尖，基部楔形，边缘中部以上有锯齿，齿端常呈短芒状，下面密生黄褐色星状绒毛，侧脉11~15对；叶柄被短柔毛。壳斗碗状，苞片合生成6~7条同心环带，下部环带与壳斗分离；坚果卵形或椭圆形，顶部被微柔毛；果脐隆起。10月果熟。

生境与分布 见于余姚、镇海、北仑、鄞州、奉化、宁海、象山；生于海拔约250m的低山丘陵地带。产于普陀、仙居；分布于福建、台湾、湖南、广东、贵州；日本也有。

主要用途 边材黄褐色，心材暗红褐色，纹理直，坚重强韧，有弹性，为优良硬木之一，可制车轴、滑车、农具、油榨等；果实富含淀粉；树干高大挺拔，枝叶浓密，新叶叶色亮丽，可供观赏。

043 青冈 青冈栎

学名 ***Cyclobalanopsis glauca*** (Thunb.) Oerst. 属名 青冈属

形态特征 常绿乔木，高达20m。树皮灰褐色，不裂；小枝灰褐色。叶倒卵状椭圆形或椭圆形，6~13cm × 2~5.5cm，先端短渐尖，基部近圆形或宽楔形，中部以上有锯齿，下面被灰白色蜡粉和平伏毛，侧脉9~12对。雌花序具花2~4。壳斗单生或2~3个集生，碗形，小苞片合生成5~8条同心环带，环带全缘；坚果卵形，果脐微隆起。花期4~5月，果期9~10月。

生境与分布 见于全市丘陵山地；生于山坡溪谷两岸阔叶林中，是常绿阔叶林的重要组成树种。产于全省山区、半山区；分布于除云南省外的长江流域及以南各地区。

主要用途 木材坚韧，可作建筑、车辆用材；树皮、壳斗含鞣质；种子含淀粉；枝叶浓密，新叶鲜艳，适应性强，可供观赏。

044 小叶青冈

学名 ***Cyclobalanopsis gracilis*** (Rehd. et Wils.) Cheng et T. Hong 属名 青冈属

形态特征 常绿乔木，高达25m。树皮灰褐色；小枝有皮孔。叶椭圆状披针形，4.5~9cm × 1.5~3cm，先端渐尖，基部楔形或圆形，常不对称，边缘有细尖锯齿，下面有不均匀的灰白色蜡粉层及伏贴的毛。壳斗碗形，苞片合生成6~10条同心环带，环带边缘通常有齿缺，尤以下部2环带更明显；坚果椭圆形，顶端被毛。花期4~6月，果期10月。

生境与分布 见于慈溪、余姚、镇海、北仑、鄞州、奉化、宁海；生于阴坡阔叶林中。产于全省丘陵山地；分布于华东、华中及广东、广西、四川、贵州、陕西、甘肃；越南、老挝、日本也有。

主要用途 材质坚重，耐腐，耐磨，为纺织工业的优良用材，又可供建筑、桥梁、枕木、造船、车辆等用；树干高大，枝叶浓密，叶背白粉明显，可供观赏。

045 大叶青冈

学名 ***Cyclobalanopsis jenseniana*** (Hand.-Mazz.) Cheng et T. Hong　属名 青冈属

形态特征　常绿乔木，高达20m。小枝粗壮，有沟槽，具灰白色凸起的皮孔。叶椭圆形至倒卵状长椭圆形，12~20cm×6~10cm，先端渐尖，基部宽楔形或钝圆，全缘，有时微波状，边缘稍反卷，侧脉12~17对，近叶缘处向上弯拱；叶柄粗壮。果序轴粗壮，有白色皮孔；壳斗杯形，包围坚果的1/3，外被灰黄色短绒毛，苞片合生成6~9条同心环带，环带上缘不规则齿裂；坚果长卵形。花期4~6月，果期翌年10~11月。

生境与分布　见于鄞州、宁海、象山；生于海拔200~400m的阴湿山谷或山坡林中。产于台州、衢州、丽水、温州；分布于除江苏外的长江以南各省区。宁波为该种的分布北缘。

主要用途　我国特有树种。木质坚硬，可供材用；种仁淀粉可酿酒；树皮及壳斗可提制栲胶；树体高大雄伟，枝叶密集，可供园林绿化。

046 云山青冈

学名 ***Cyclobalanopsis sessilifolia*** (Hand.-Mazz.) Chun　属名 青冈属

形态特征　常绿乔木，高达25m。叶常集生于枝顶，叶椭圆形至倒披针状长椭圆形，5~15cm × 1.5~4cm，先端短尖，基部楔形，稍下延，全缘或先端有2~4对锯齿。壳斗碗状，被灰褐色绒毛，小苞片合生成5~7条同心环带，环带整齐，有时下部有缺齿；坚果椭圆形，果脐凸起。花期4~5月，果期10~11月。

生境与分布　见于余姚、北仑、鄞州、奉化、宁海、象山；生于海拔300m以上的山坡阔叶林中。产于丽水及临安、淳安、开化、天台、乐清、泰顺；分布于除云南省外的长江以南各省区。

主要用途　种子含淀粉，可酿酒或作饲料；树干挺拔，枝叶浓密，可供绿化观赏。

褐叶青冈

学名 *Cyclobalanopsis stewardiana* (A. Camus) Y. C. Hsu et H. W. Len **属名** 青冈属

形态特征 常绿乔木，高达8m。叶长椭圆状披针形，6~12cm × 2~4cm，先端渐尖或尾尖，基部楔形，中部以上疏生浅锯齿，下面被均匀白色蜡粉，略带淡红褐色，有伏贴柔毛；叶柄连同主脉基部有时带浅红色；叶干后呈褐色。壳斗碗形，苞片合生成6~7条同心环带，除先端2~3条同心环带全缘外，余均有齿缺；坚果宽卵形，果脐隆起。花期4~5月，果期9~10月。

生境与分布 见于余姚、北仑、宁海；生于山坡林中，垂直分布在青冈之上。产于丽水及安吉、临安、武义；分布于湖南、贵州、四川。

主要用途 用途同青冈。

细叶青冈 青栲

学名 ***Cyclobalanopsis myrsinifolia*** (Bl.) Oerst. 属名 青冈属

形态特征 常绿乔木，高达20m。树皮灰褐色。叶卵状披针形或长圆状披针形，6~12cm×2~4cm，先端渐尖，基部楔形，基部以上有细浅锯齿，下面微被白色蜡粉，呈灰绿色，中脉在上面凹陷，侧脉10~14对。壳斗碗形，苞片合生成6~9条同心环带，环带全缘；坚果卵状椭圆形，顶端略有微柔毛，果脐微隆起。花期4月，果期10月。

生境与分布 见于慈溪、余姚、江北、北仑、鄞州、奉化、宁海、象山；生于较阴湿的常绿阔叶林中。产于杭州、丽水及安吉、开化；分布于华东及湖南、广东、广西、贵州、四川。

主要用途 木材不易开裂，富弹性，为建筑、枕木、车轴、家具等优良用材；树干通直，枝叶浓密，新叶鲜艳，可供观赏。

049 水青冈

学名 ***Fagus longipetiolata*** Seem. 属名 水青冈属

形态特征 落叶乔木，高达25m。叶卵形、卵状披针形，6~15cm×3~6.5cm，先端渐尖，基部宽楔形或圆形，略偏斜，边缘具锯齿，上面亮绿色，下面密被细短绒毛，侧脉9~14对，直达齿端。壳斗较大，长1.5~3cm，密被褐色绒毛，4瓣裂，苞片钻形，下弯或呈“S”形弯曲；总梗长1.5~7.5cm；每总苞内有坚果2枚，坚果具3棱，被黄褐色短柔毛。花期4~5月，果期9~10月。

生境与分布 仅见于奉化；生于海拔400m左右的山沟路边林中。产于全省丘陵山地；分布于秦岭以南、南岭以北各地；越南也有。

主要用途 木材淡红褐色，纹理直，结构细，质略重，供建筑、家具等用；种仁富含油脂，味香甜，可生食、炒食或榨油；树形优美，秋叶黄色，可供园林观赏。

050 短尾柯

学名 ***Lithocarpus brevicaudatus*** (Skan) Hayata　属名 柯属

形态特征 常绿乔木，高达 20m。小枝具沟槽，无毛，无蜡质鳞秕。芽圆锥形，有长柔毛。叶硬革质，长椭圆形至长椭圆状披针形，7~18cm × 2.5~6cm，先端渐尖或钝尖，基部楔形，全缘，侧脉 9~12 对。雄花序分枝为圆锥状，花序轴密被灰黄色短细毛；雌花序不分枝。壳斗浅盘状，苞片三角形，背部有纵脊隆起；坚果卵形或近球形，密集，基部与壳斗愈合，果脐内陷。花期 9~10 月，果翌年 10~11 月成熟。

生境与分布 见于慈溪、余姚、北仑、鄞州、奉化、宁海、象山；生于山坡或沟谷阔叶林中。产于全省丘陵山地；分布于长江以南各省区。

051 石栎 柯

学名 ***Lithocarpus glaber*** (Thunb.) Nakai　　**属名** 柯属

形态特征　常绿乔木，高达20m。小枝密被灰黄色细绒毛。叶椭圆形、长椭圆状披针形，6~12cm × 2.5~5.5cm，先端渐尖，基部楔形，全缘或近顶端两侧各具1~3锯齿，下面被灰白色蜡质层，中脉在上面微凸，侧脉6~8对。雄花序轴有短绒毛。壳斗浅盘状，包围坚果的基部，苞片三角形，排列紧密，具灰白色细柔毛；坚果卵形或椭圆形，有光泽，略被白粉，果脐内陷。花期9~10月，果期翌年9~11月。

生境与分布　见于全市丘陵山地；生于山坡阔叶林中。产于全省山区、半山区；分布于华东、华中、华南及贵州。

主要用途　木材质硬坚重，弹性强，但不耐腐，可作建筑、枕木、车辆、农具等用材。

麻栎

学名 ***Quercus acutissima*** Carruth. 属名 栎属

形态特征 落叶乔木，高达25m。树皮灰黑色，不规则深纵裂。叶长椭圆状披针形，8~19cm×2~6cm，先端渐尖，基部宽楔形或圆形，叶缘具芒状锯齿，侧脉12~18对，下面淡绿色无毛或仅在脉腋有簇毛。壳斗碗状，生于新枝下部的叶腋，苞片钻形反曲；坚果近球形，顶部平或凹陷，生有短微毛，果脐隆起。花期5月，果期翌年9~10月。

生境与分布 见于余姚、鄞州、奉化、宁海、象山；生于丘陵山地；慈溪、镇海、北仑有栽培。产于全省丘陵地带；分布于华东、华中、华南、西南及辽宁、河北、山西、陕西。

主要用途 木材坚硬，不易变形，耐腐，但易翘裂，可供建筑、枕木、车船、桥梁、家具等用；树皮、壳斗可提制栲胶；种子淀粉可作饲料。

053 槲栎

学名 ***Quercus aliena*** Bl.　　**属名** 栎属

形态特征　落叶乔木，高达25m。树皮暗灰色，深裂；小枝黄褐色，具沟槽；冬芽鳞片赤褐色，被灰白色绒毛。叶倒卵状椭圆形或倒卵形，10~30cm×5~16cm，先端钝，基部楔形，边缘疏生波状钝齿，齿端钝圆，下面密被灰白色细绒毛，侧脉11~18对。雄花单生或数朵簇生；雌花序生于当年生枝叶腋，雌花单生或2~3朵簇生。壳斗浅杯状，包围坚果约1/2，苞片卵状披针形，于口缘处直伸；坚果椭圆状卵形至卵形。花期4~5月，果期10月。

生境与分布　见于慈溪、余姚、北仑、奉化；生于低山丘陵林中。产于杭州及泰顺；分布于华东、西南及广东、广西、河南、甘肃、辽宁；朝鲜半岛、日本也有。

主要用途　木材坚硬，耐腐，纹理致密，供建筑、家具用；种子富含淀粉，可酿酒，也可制凉皮、粉条和做豆腐及酱油等，又可榨油；壳斗及树皮可提制栲胶；叶大荫浓，秋叶黄色，供观赏。

附种　**锐齿槲栎** var. ***acutiserrata***，叶先端渐尖，边缘具粗大尖锐锯齿，内弯。壳斗边缘较厚。见于余姚、北仑、奉化、宁海；生于山地杂木林中。

锐齿槲栎

054 小叶栎

学名 ***Quercus chenii*** Nakai 属名 栎属

形态特征 落叶乔木，高达30m。树皮暗褐色，浅纵裂；小枝栗褐色；芽细长圆锥形。叶披针形至卵状披针形，7~15cm × 2~3.5cm，先端渐尖，基部楔形或圆形，边缘具芒状锯齿，侧脉12~16对；叶柄细。壳斗碗状，包围坚果的1/4~1/3，苞片二型，在缘部的钻形，反曲，其余的紧密排列为鳞形；坚果椭圆形，基部果脐隆起。花期5月，果期翌年9~10月。

生境与分布 见于余姚、北仑、鄞州、奉化、宁海、象山；生于海拔500m以下的丘陵山地。产于杭州、丽水及安吉、诸暨、开化；分布于华东、华中及四川。

主要用途 木材边材淡红色，心材浅褐色，可供建筑、枕木、车船、桥梁、家具等用；树皮、壳斗可提制栲胶；种子淀粉可作饲料。

055 白栎

学名 ***Quercus fabri*** Hance　**属名** 栎属

形态特征　落叶乔木，高达20m。树皮深纵裂；小枝密生灰色至灰褐色绒毛。叶倒卵形或倒卵状椭圆形，6~16cm × 2.5~8cm，先端钝，基部楔形，边缘具波状钝齿，侧脉8~12对；叶柄短，长3~6mm，被毛。壳斗碗状，包围坚果约1/3，苞片卵状披针形，排列紧密，在壳斗边缘处稍伸出；坚果长椭圆形，果脐隆起。花期5月，果期10月。

生境与分布　见于全市山区、半山区；生于海拔300~500m的丘陵和低山阔叶林中。产于全省丘陵山地；分布于淮河以南各省区。

主要用途　木材供建筑、家具用；种子含淀粉，可作饲料或工业用；树皮、壳斗可提制栲胶。

附种　**娜塔栎** ***Q. nuttallii***，树皮光滑不裂；小枝无毛；叶深裂，具5~7个锯齿状裂片；壳斗包围坚果约1/2。原产于美国东南部。市区有栽培。

娜塔栎

056 乌冈栎

学名 *Quercus phillyreoides* A. Gray　属名 栎属

形态特征　常绿灌木或小乔木，高达6m。小枝灰褐色，有星状短绒毛。叶椭圆形或倒卵状椭圆形，2~6cm×1.5~3cm，先端钝圆，急尖或短渐尖，基部近圆形或浅心形，边缘有细密浅锐齿，中脉基部有褐色星状毛；叶柄粗短，长3~5mm，被褐色星状绒毛。壳斗杯形，包坚果1/2~2/3，苞片宽卵形；坚果卵状椭圆形至长椭圆形，果脐凸起。花期5月，果翌年成熟。

生境与分布　仅见于象山；生于海拔约150m的山坡岩石裸露处；北仑有栽培。产于浙南、浙西南各地；分布于华中、西南及福建、广东、广西、陕西。

主要用途　木材坚硬，可烧制优质木炭；种子可酿酒；树皮和壳斗可提制栲胶；枝叶浓密，耐瘠薄，可供园林观赏。

附种　**弗栎**（弗吉尼亚栎）***Q. virginiana***，常绿丛生状灌木或乔木；顶芽红褐色；叶全缘，边缘反卷，背面密被绒毛；叶柄长1.0cm。壳斗包围坚果的1/4~1/2。原产于美洲。慈溪、鄞州、宁海、象山有栽培。根系发达，较耐盐碱，可作沿海防护林和城市绿化树种。

弗栎 弗吉尼亚栎

057 枹栎

学名 ***Quercus serrata*** Murr.　　属名 栎属

形态特征 落叶乔木，高达25m。树皮灰褐色。叶薄革质，倒卵形或倒卵状椭圆形，7~17cm×3~9cm，顶端渐尖或急尖，基部楔形或近圆形，叶缘有腺状锯齿，侧脉7~12对；叶柄长1~3cm。雄花序长8~12cm；雌花序长1.5~3cm。壳斗碗状，包围坚果的1/4~1/3；坚果卵形至卵圆形，果脐平坦。花期4月，果期9~10月。

生境与分布 仅见于宁海；生于海拔约500m的山坡阔叶林中。产于临安；分布于华东、华中、西南及辽宁、山西、陕西、甘肃、广东、广西；日本、朝鲜半岛也有。

主要用途 木材坚硬，供建筑、车辆用；种子可供酿酒和作饮料；树皮可提制栲胶；叶可饲养柞蚕。

附种 **短柄枹**（短柄枹栎）var. ***brevipetiolata***，叶常聚生于枝顶；叶较小，长椭圆状倒披针形或椭圆状倒卵形；叶缘具内弯浅腺齿，齿端具腺；叶柄短，长仅2~5mm。见于全市各地；常以其为主组成落叶阔叶林。

短柄枹 短柄枹栎

058 栓皮栎

学名 *Quercus variabilis* Bl. **属名** 栎属

形态特征 落叶乔木，高达25m。树皮灰褐色，深纵裂；小枝黄褐色。叶长圆状披针形、长椭圆形，8~15cm×2~6cm，先端渐尖，基部圆形或宽楔形，边缘具芒状锯齿，下面灰白色，密生星状细绒毛，侧脉13~18对。壳斗碗状，包围坚果2/3以上，苞片钻形，反曲；坚果近球形，顶端圆而微凹，有短细毛，果脐凸起。花期5月，翌年10月果熟。

生境与分布 见于全市丘陵山地；生于向阳山坡。产于杭州及安吉、普陀、开化、遂昌；分布于辽宁以南，西至四川，南至广东，东迄台湾。

主要用途 栓皮具绝缘、隔热、隔音等效；木材纹理直，结构略粗，质坚硬，供建筑、枕木、车船等用；种子淀粉可作饲料；壳斗、树皮可提制栲胶。

榆科 Ulmaceae*

059 糙叶树

学名 ***Aphananthe aspera*** (Thunb.) Planch. 属名 糙叶树属

形态特征 落叶乔木，高达20m。树皮黄褐色，老时纵裂；小枝初被平伏硬毛。叶卵形或椭圆状卵形，4~13cm × 2~5cm，先端渐尖或长渐尖，基部近圆形或宽楔形，单锯齿细尖，上下两面具平伏硬毛；叶柄长5~17mm。果近球形，黑色，密被平伏硬毛；果梗较叶柄短或等长，被毛。花期4~5月，果期10月。

生境与分布 见于全市各地；生于谷地阔叶林中、路边林缘。产于杭州、丽水及普陀、开化、天台、乐清等地；分布于华东、华中、华南、西南及陕西、山西。

主要用途 木材淡灰黄色，纹理直而细致，坚久耐用，可制农具、车轴、秤杆等；茎皮纤维可供造纸。

* 本科宁波有7属16种2变种2品种，其中栽培2种2品种。

060 紫弹树 黄果朴

学名 *Celtis biondii* Pamp. 属名 朴属

形态特征 落叶乔木，高达 16m。树皮灰绿色，平滑；小枝密被锈褐色绒毛。叶卵形或卵状椭圆形，2.5~8cm × 2~4cm，先端尖，基部宽楔形稍偏斜，边缘中部以上有疏齿，稀全缘，下面网脉凹陷。核果近球形，2~3 着生于叶腋，熟时橙红色，核具 4 肋，具显著蜂窝状凹陷细网纹；果梗较叶柄长约 2 倍，具总梗。花期 4~5 月，果期 9~10 月。

生境与分布 见于全市丘陵山地；生于低山、丘陵山坡、山沟边阔叶林中。产于全省丘陵山地；分布于华中、华东、西南及陕西、甘肃；日本、朝鲜半岛也有。

主要用途 根皮、茎枝及叶可入药治疮疖、乳痈、腰酸背痛。

061 黑弹树

学名 ***Celtis bungeana*** Bl. 属名 朴属

形态特征 落叶乔木，高达 20m。树皮灰色光滑。叶卵形、长圆形至卵状椭圆形，3~8cm × 2~5cm，先端尖至渐尖，基部宽楔形至近圆形，稍偏斜，中部以上疏具钝齿，有时一侧近全缘；叶柄上面有沟槽。核果单生叶腋，球形，黑色，直径 6~8mm。花期 4~5 月，果期 9~10 月。

生境与分布 见于奉化；生于向阳山坡。产于杭州及天台；分布于华东、华中、华北、西北、西南及辽宁；朝鲜半岛也有。

主要用途 木材白色，纹理直，可供建筑、工具等用；茎皮纤维可代麻用。

062 珊瑚朴

学名 *Celtis julianae* Schneid. 属名 朴属

形态特征 落叶乔木，高达25m。一年生枝、叶下面及叶柄均密被黄褐色绒毛。叶厚纸质，宽卵形、卵状椭圆形，6~13cm × 3~8cm，先端短渐尖或突短尖，基部近圆形，中部以上具锯齿，上面稍粗糙。果单生于叶腋，卵球形，橙红色，果核顶部具尖头，有2肋，面呈不明显的网纹及凹陷；果梗长1.5~2.5cm，密被绒毛。

生境与分布 见于余姚、鄞州、奉化、宁海；生于林缘和山谷杂木林中；慈溪、象山有栽培。产于杭州；分布于华中及安徽、福建、广东、四川、贵州、陕西、甘肃。

主要用途 茎皮纤维可代麻制绳、编织袋或作造纸和人造棉原料；秋叶黄色，可供绿化观赏。

063 朴树 沙朴

学名 *Celtis sinensis* Pers.　　属名 朴属

形态特征 落叶乔木，高达 20m。树皮褐灰色，粗糙而不裂；小枝密被毛。叶宽卵形、卵状长椭圆形，3~10cm × 2~6cm，先端急尖，基部圆形偏斜，边缘中部以上疏生浅锯齿，下面叶腋及叶脉疏被毛，网脉隆起；叶柄被柔毛。核果单生或 2~3 并生于叶腋，近球形，熟时红褐色；果核有凹点及棱脊；果梗与叶柄近等长。花期 4 月，果期 10 月。

生境与分布 见于全市各地；生于村旁郊野、溪边、路旁及沟谷阔叶林中。产于全省各地；分布于华东、华中、西南及陕西；越南、老挝、朝鲜半岛也有。

主要用途 木质轻而硬，可供家具、砧板、建材用；核油供制皂和机械润滑；茎皮纤维可作造纸及人造棉原料；树形古朴，秋叶黄色，可供绿化观赏。

064 西川朴

学名 ***Celtis vandervoetiana*** Scheid. 属名 朴属

形态特征 落叶乔木，高达20m。树皮灰色；一年生枝红褐色；芽卵形，紫色，被硬毛。叶近革质，卵状椭圆形或卵形，8~15cm×3.5~7cm，先端渐尖或尾尖，基部近圆形或宽楔形，稍偏斜，边缘近基部或中部以上具粗锯齿，叶脉隆起，脉腋有毛。核果单生叶腋，卵状椭圆形，橙黄色；果核白色，卵状长圆形或近球形，顶部有齿，面具4纵脊及蜂窝状粗网纹及凹陷。花期3~4月，果期9~10月。

生境与分布 见于鄞州、宁海；常散生于山谷阴处或林中。产于遂昌、缙云；分布于西南及江西、福建、湖南、广东、广西。

主要用途 茎皮纤维可制绳、造纸；种子油可制皂及润滑油。

065 刺榆

学名 ***Hemiptelea davidii*** (Hance) Planch. **属名** 刺榆属

形态特征 落叶小乔木，高达 15m，多呈灌木状。小枝具粗而硬的棘刺，刺长 2~10cm。叶椭圆形或长圆形，2~7cm × 1.5~3cm，先端钝尖，基部宽楔形，多桃形单锯齿，侧脉 8~15 对，叶幼时有毛，后脱落留有粗糙毛迹，下面通常无毛，或中脉疏生毛。花叶同放。坚果长 5~6mm。花期 4~5 月，果期 8~10 月。

生境与分布 见于慈溪、余姚、北仑、鄞州、奉化、宁海、象山；生于丘陵次生林中或山野路旁。产于杭州及安吉、开化、龙泉等地；分布于华东及湖南、河北、山西、陕西、辽宁、吉林；朝鲜半岛也有。

主要用途 木材坚韧致密，可供车辆、家具、薪炭用；也可作绿篱。

066 青檀

学名 ***Pteroceltis tatarinowii*** Maxim.　　属名 青檀属

形态特征　落叶乔木，高达 20m。树皮淡灰色，长块片状开裂。叶薄纸质，卵形、椭圆状卵形或三角状卵形，3~10cm × 2~5cm，先端渐尖或长尖，基部宽楔形或近圆形，稍歪斜，下面脉腋有簇毛。果核近球形，翅厚，近四方形或近圆形；果梗长 1.5~2cm。花期 4 月，果期 7~8 月。

地理分布　产于临安、安吉、德清等地；分布于华东、华中、西北及四川、贵州、广东、广西。鄞州有栽培。

主要用途　木材坚硬，纹理致密，可作家具、农具、建筑及细木工用料；茎皮韧皮纤维为传统的宣纸原料；树形古朴，可供观赏。

067 山油麻

学名 ***Trema cannabina*** Lour. var. ***dielsiana*** (Hand.-Mazz.) C. J. Chen　属名 山黄麻属

形态特征　落叶灌木或小乔木，高 1~3m。小枝纤细，密被开展的粗毛。叶薄纸质，卵形、卵状长圆形或卵状披针形，4~10cm × 1.5~4cm，先端尾尖，基部圆形或浅心形，边缘具较细单锯齿，上面多少被毛，下面密被柔毛，沿脉有较长硬毛，三出脉；叶柄密被伸展的粗毛。核果近球形，核具皱纹。花期 3~6 月，果期 9~10 月。

生境与分布　见于全市丘陵山地；生于向阳的山坡林下、灌木丛中。产于杭州、衢州、台州、丽水、温州等地；分布于华东、华中及广东、广西、四川、贵州。

主要用途　种子可榨工业用油。

068 杭州榆

学名 *Ulmus changii* Cheng　　属名 榆属

形态特征 落叶乔木，高达20m。树皮灰褐色，不裂。叶倒卵状长圆形、菱状倒卵形、椭圆状卵形或圆形，3~11cm × 2~4.5cm，先端短尖或长渐尖，基部圆形、微心形或楔形，边缘多具单锯齿，侧脉12~24对；叶柄被短毛。花簇生呈聚伞花序状或短总状；花萼钟形，宿存。翅果长圆形至近圆形，被短毛；果核位于翅果的中部；果梗密被短毛。花果期3~4月。

生境与分布 见于慈溪、余姚、北仑、鄞州、奉化、宁海、象山；生于山坡、谷地及溪旁的阔叶树林中。产于杭州、丽水等地；分布于华东、华中及四川。

主要用途 木材坚硬，可供建筑、家具及车辆用材。

附种 **兴山榆** ***U. bergmanniana***，叶基部一侧耳形，边缘具重锯齿；翅果无毛。见于余姚；生于山坡阔叶林中。

兴山榆

069 长序榆

学名 ***Ulmus elongata*** L. K. Fu et C. S. Ding　属名 榆属

形态特征 落叶乔木，高达 20m。树皮淡褐灰色，裂成不规则鳞状块片；小枝栗褐色。叶互生，椭圆形至披针状椭圆形，7~19cm × 3~8cm，先端渐尖，基部楔形，微偏斜，边缘具向内弯曲的大重锯齿；叶柄密被细柔毛。花两性，先叶开放；总状聚伞花序下垂；花萼裂片 6，淡黄色，边缘有毛。翅果窄长，两端渐尖，先端深 2 裂，基部具长的子房柄，两侧边缘密被白色长睫毛；果核位于翅果中部，椭圆形。花期 2 月，果期 3 月。

生境与分布 仅见于余姚四明山；生于海拔 600m 左右的山坡林中。产于丽水及临安等地；分布于华东。

主要用途 国家Ⅱ级重点保护野生植物。树干端直，心材浅红色，花纹美丽，坚久耐用，为优良速生用材树种；树形优美，秋叶黄色，可供园林观赏。

070 榔榆

学名 *Ulmus parvifolia* Jacq. 属名 榆属

形态特征 落叶乔木，高达 20m。树皮灰褐色，成不规则鳞片状剥落；小枝红褐色，被柔毛。叶窄椭圆形或卵形或倒卵形，1.5~5.5cm × 1~3cm，先端短尖或略钝，基部偏斜，边缘多单锯齿；侧脉 10~15 对。花秋季开放，簇生于当年生枝叶腋，花萼 4 裂至基部或近基部。翅果椭圆形或卵形；果核位于翅果中央。花期 9 月，果期 10 月。

生境与分布 见于全市各地；生于平原河边、丘陵及山麓路边、溪边、阔叶林中。产于全省各地；分布于华北、华东、华中、华南、西南及陕西；韩国、日本、印度、越南也有。

主要用途 木材坚硬，可供农具、家具等用；茎皮纤维细，可作蜡纸及人造棉原料，还可制绳索、织麻袋等；叶及根皮可入药；树形古朴，枝叶浓密，可供园林观赏及制作盆景。

071 白榆

学名 ***Ulmus pumila*** Linn.　　属名 榆属

形态特征　落叶乔木，高达20m。小枝灰色。叶椭圆状卵形至椭圆状披针形，2~8cm × 2~3.5cm，先端渐尖或短尖，基部偏斜，边缘具重锯齿或单锯齿，侧脉9~14对；叶柄长2~8mm。花先叶开放，簇生于一年生枝叶腋。翅果近圆形或倒卵状圆形，长1~1.5cm；果核位于翅果中央。花期3~4月，果期4月。

地理分布　分布于东北、华北、西北及河南、山东、四川、西藏；东北亚也有。慈溪、余姚、鄞州、奉化、宁海、象山及市区等平原地区有栽培。

主要用途　木材纹理直，但易裂易蛀，供家具、桥梁等用；茎皮纤维可代麻；嫩果、幼叶可食；耐水湿，常作平原林网防护树种。

附种1　金叶榆 'Jinye'，叶金黄色。慈溪、鄞州有栽培。

附种2　垂枝榆 'Pendula'，嫁接品种，枝条下垂。鄞州及市区有栽培。

附种3　红果榆 ***U. szechuanica***，叶柄被柔毛。果核淡红褐色，接近缺口。见于余姚、鄞州、宁海；生于平原、丘陵、溪旁的阔叶林中。

金叶榆

垂枝榆

红果榆

072 榉树

学名 ***Zelkova schneideriana*** Hand.-Mazz. 属名 榉属

形态特征 落叶乔木，高达25m。一年生小枝密被灰色柔毛。叶卵形、卵状披针形、椭圆状卵形，3~10cm × 1.5~4cm，先端渐尖，基部宽楔形或圆形，桃尖形单锯齿，具钝尖头，上面粗糙，具脱落性硬毛，下面密被淡灰色柔毛，侧脉8~14对，直达齿尖；叶柄密被毛。坚果有网肋。花期3~4月，果期10~11月。

生境与分布 见于除镇海、江北及市区外全市各地山区、半山区；散生于海拔700m以下的山坡、沟谷林中；镇海、江北及市区有栽培。产于全省各地；分布于淮河流域、秦岭以南、长江中下游各地，南至两广及云南东南部。日本、朝鲜半岛及俄罗斯远东地区也有。

主要用途 国家Ⅱ级重点保护野生植物。树形优美，秋叶红艳，抗风力强，可作观赏及防护树种；材质坚硬，有弹性，不翘裂，纹理美，结构细，有光泽，抗压，耐水耐腐，为优良珍贵用材；茎皮纤维强韧，可制人造棉和绳索。

073 光叶榉

学名 ***Zelkova serrata*** **Makino** **属名** 榉属

形态特征 落叶乔木，高达 30m。小枝紫褐色或棕褐色，无毛或疏被短柔毛。叶卵形、椭圆状卵形或卵状披针形，3~12cm × 1.5~5cm，先端尖或渐尖，基部近心形，锯齿锐尖，上面无毛或疏被短毛，下面淡绿色，无毛或沿脉疏生柔毛，侧脉 8~14 对。果径约 4mm，有网肋。花期 4 月，果期 10 月。

生境与分布 见于余姚、宁海；散生于阔叶林中。产于临安；分布于华东、华中、西南及陕西、甘肃、辽宁；朝鲜半岛、日本也有。

主要用途 用途同榉树。

桑科 Moraceae*

074 藤葡蟠

学名 ***Broussonetia kaempferi*** Sieb. var. ***australis*** Suzuki　属名 构属

形态特征 落叶蔓生藤状灌木。叶长卵形或椭圆状长卵形，通常不裂，4~14cm × 2~3cm，先端长渐尖，基部浅心形，通常不对称，边缘有细锯齿，上面有疏毛，下面毛较密；叶柄长 6~10mm，被毛。花雌雄异株；雄花序为葇荑花序；雌花序为头状花序。聚花果球形，径 8~10mm，橙红色，小果核表面有小瘤状凸起。花期 4 月，果期 6 月。

生境与分布 见于慈溪、余姚、北仑、鄞州、奉化、宁海、象山；生于山坡林下或沟谷路旁，常攀援于其他物上。产于全省各地；分布于华南、华中。

* 本科宁波有 7 属 19 种 8 变种 1 变型，其中栽培 7 种 1 变种；本图鉴收录 17 种 7 变种 1 变型。

075 小构树

学名 ***Broussonetia kazinoki*** Sieb. 属名 构属

形态特征 落叶灌木，有时蔓生。叶卵形或长卵形，3~12cm×3~6cm，先端长渐尖，基部圆形，具2~3乳头状腺体，基部三出脉，边缘有锯齿，不裂，或2~3裂，上面具糙伏毛，下面淡绿色，有细毛；叶柄长0.5~2cm。花雌雄同株，雄花序为圆柱状葇荑花序；雌花序为头状花序。聚花果球形，径约1cm，红色至橙红色。花期4月，果期6月。

生境与分布 见于余姚、镇海、江北、北仑、鄞州、奉化、宁海、象山；多生于山坡林下及山谷沟边。产于全省各地；分布于长江中下游及以南地区；日本也有。

主要用途 茎皮纤维供造纸；全株可入药，有利尿、消肿、祛风、活血、解毒止痢的功效。

076 构树

学名 ***Broussonetia papyrifera*** (Linn.) L'Hér. ex Vent.　　属名 构属

形态特征　落叶乔木，高达 10~20m。树皮灰色，平滑；小枝粗壮，密被绒毛。叶互生，枝端常对生，叶宽卵形，6~18cm × 4~10cm，先端尖，基部圆形或稍呈心形，常 3~5 不规则深裂，上面具粗糙伏毛，下面灰绿色，密被柔毛；叶柄长 2.5~8cm，密被绒毛；托叶膜质，三角形，早落。花雌雄异株，雄葇荑花序长 6~8cm；雌花序头状，雌花周围具棒状苞片。聚花果球形，径约 3cm，橙红色。花期 5 月，果期 8~9 月。

生境与分布　见于全市各地；多生于田野、路旁、溪边、墙隙及山坡疏林中。产于全省各地；分布于黄河、长江、珠江流域。

主要用途　茎皮供造桑皮纸；叶可饲猪；树皮浆液可治癣；生长快，对有毒气体有较强抗性，且具一定耐盐碱能力，可用作防护绿化树种。

077 大麻

学名 ***Cannabis sativa*** Linn.　　属名 大麻属

形态特征　一年生草本，高 1~3m。茎直立，有纵沟，密被短柔毛，皮层富纤维。叶互生或下部对生，掌状全裂，裂片 3~11，披针形或条状披针形，5~15cm × 1~2cm，边缘有粗锯齿，上面有糙毛，下面密被白色毡毛；叶柄长 2~15cm，被短棉毛。瘦果。花期 5~6 月，果期 7 月。

地理分布　原产于亚洲西部。鄞州有栽培。

主要用途　茎皮纤维供纺织用；种子榨油供工业用；果可入药，治肠燥便秘，外用治疖肿初期，但有毒。

078 桑草 水蛇麻

学名 *Fatoua villosa* (Thunb.) Nakai　　属名 水蛇麻属

形态特征 一年生草本，高约 40cm。茎直立，基部木质化。叶互生，卵形或卵状披针形，2~10cm × 1~5cm，先端渐尖，基部近圆形或浅心形，边缘有钝齿，两面被疏毛，三出脉；叶柄长 0.5~5cm。花序单生或成对腋生。瘦果扁球形，歪斜，红褐色。花期 5~8 月，果期 8~10 月。

生境与分布 见于余姚、鄞州、奉化、宁海、象山；常生于疏林下或林缘草丛中。产于全省各地；分布于华东、华中、华南、西南；日本、菲律宾、印度尼西亚、澳大利亚也有。

079 无花果

学名 ***Ficus carica*** Linn.　　属名 榕属

形态特征　落叶灌木或小乔木，高可达 10m。枝粗壮，具显著皮孔。叶宽卵形或卵圆形，10~20cm × 10~26cm，掌状 3~5 裂，稀不裂或不规则分裂，边缘有不规则圆钝齿，上面散生短糙毛，下面密生细小乳头状凸起及黄褐色短柔毛；叶柄长 2~10cm。隐头花序单生叶腋；花雌雄异序。隐花果梨形，直径 3~5cm，顶部下陷，基生苞片卵形，熟时呈紫红色或黄色。果期 7~8 月。

地理分布　原产于地中海地区，东至阿富汗。全市及全省各地有栽培。

主要用途　隐花果味甜可食，也可作蜜饯、酿酒；鲜果可治痔疮，根、叶能消肿解毒。

080 雅榕 无柄小叶榕

学名 *Ficus concinna* (Miq.) Miq. 属名 榕属

形态特征 常绿乔木，高达 15m。小枝具棱。叶长卵形，3.5~10cm × 1.5~4.5cm，先端短尖而钝，基部宽楔形或近圆形，全缘，无明显边脉，网脉两面均明显凸起；叶柄长 0.5~2.5cm，上面有纵沟，叶与叶柄连接处有关节；托叶披针形。隐头花序球形，直径约 1cm，单生或对生于叶痕腋部或叶腋；花雌雄同序。隐花果红色，有白色不明显斑点。花期 5 月，果期 8 月。

地理分布 产于温州及龙泉；分布于江西、广东、贵州、云南；东南亚及印度也有。慈溪、鄞州、宁海、象山及市区有栽培。

主要用途 树冠较大，枝叶浓密，可作庭荫树。

081 天仙果

学名 ***Ficus erecta*** Thunb. var. ***beecheyana*** (Hook. et Arn.) King　属名 榕属

形态特征　落叶小乔木或灌木，高 1~8m。小枝和叶柄密被硬毛。叶倒卵状椭圆形或长圆形，7~25cm × 4~10cm，先端渐尖，基部圆形或浅心形，通常全缘，上面疏生短粗毛，下面被柔毛，具有乳头状凸起，基生脉 3 条，侧脉 5~7 对，弯拱向上。隐头花序单生或成对腋生，球形或近梨形；花雌雄异序。隐花果径 1~1.5cm，熟时暗红色，有淡红色斑点。瘦果三角形，花期 4 月，果期 8~9 月。

生境与分布　见于全市各地；生于山坡林下、溪边灌丛或田野沟边；产于省内东部、南部及西部开化等地；分布于华东、华南及湖南、贵州、云南；马来西亚也有。

主要用途　茎皮纤维可造纸；雌果味甜，可食；全株药用，有活血补血、催乳、止咳、祛风利湿、清热解毒的功效；新叶常呈紫红色，秋叶黄色，可供园林观赏。

附种　**矮小天仙果 *F. erecta***，枝近无毛，疏分枝；叶倒卵形至狭倒卵形，先端急尖，具短尖头，表面无毛，微粗糙，背面近光滑。隐花果熟时暗红色至紫黑色，无毛。见于象山；生于溪边林中。本次调查发现的中国大陆分布新记录种。

矮小天仙果

台湾榕

学名 ***Ficus formosana*** Maxim. 属名 榕属

形态特征 落叶灌木，高 2~3m。叶倒卵状长圆形或倒披针形，4~12cm × 1.5~4cm，先端渐尖或尾尖，全缘或中部以上有疏齿，基部窄楔形，叶脉不明显，有小乳凸或短柔毛；叶柄长 2~7mm。隐头花序单生于叶腋，卵球形或梨形，径 6~9mm，绿色或紫红色，光滑或略具瘤点，顶部脐状凸起，基部收缩为纤细短柄；花雌雄异序。花果期 4~7 月。

生境与分布 见于北仑、宁海、象山；生于溪旁、林下路边湿润处；产于丽水、温州及黄岩；分布于华东、华南及湖南、贵州、云南；越南也有。

附种 狭叶台湾榕 form. ***shimadai***，叶较窄，侧脉多对，与主脉成直角，平行展出，在边缘相接。见于北仑、象山；生于溪旁、林下路边湿润处。

狭叶台湾榕

083 榕树

学名 ***Ficus microcarpa*** Linn. f.　　属名 榕属

形态特征　常绿乔木，高 15~25m。老树常有锈褐色气根。叶薄，狭椭圆形，4~8cm × 3~4cm，先端钝尖，基部楔形，全缘，基生叶脉延长，侧脉 3~10 对。花雌雄同序。隐花果成对腋生或生于已落叶枝叶腋，成熟时黄色或微红色，扁球形。花果期 5~11 月。

地理分布　分布于华南及福建、湖北、贵州、云南；东南亚、南亚及日本、巴布亚新几内亚、澳大利亚也有。慈溪、鄞州及市区有栽培。遭遇特别寒冷的年份易受冻。

084 条叶榕

学名 ***Ficus pandurata*** Hance var. ***angustifolia*** Cheng　　属名 榕属

形态特征　落叶小灌木，高可达 2m。叶狭披针形，3~13cm × 1~2cm，先端渐尖，基部圆形或宽楔形，侧脉 8~18 对。花雌雄异序。隐花果单生或成对腋生，椭圆形或球形，径约 1cm，熟时紫红色。花果期 6~11 月。

生境与分布　见于北仑；生于山坡空旷处。产于丽水、温州及临安、建德、开化、临海；分布于华中及福建、广东、广西、四川、贵州；越南、泰国也有。模式标本采自宁波。

主要用途　根可入药，有祛风利湿、清热解毒的功效。

085 薜荔

学名 ***Ficus pumila*** Linn. 属名 榕属

形态特征 常绿木质藤本，幼时以不定根攀援于他物。叶二型；营养枝上的叶小而薄，心状卵形，长约 2.5cm 或更短；果枝上的叶较大，卵状椭圆形，5~12cm × 2~5cm，先端钝，全缘，下面被短柔毛，网脉凸起成蜂窝状；叶柄粗短。隐头花序长椭圆形，长约 5cm；花雌雄异序。花期 5~6 月，果期 9~10 月。

生境与分布 见于全市各地；常攀援于树体、墙石上。产于全省各地；分布于长江以南各省区。

主要用途 根、茎、藤、叶及未成熟的隐花果可入药；瘦果可做凉粉食用；常绿，攀附性好，可用于垂直绿化。

附种 爱玉子 var. ***awkeotsang***，叶椭圆形，两端钝或先端尖，基部通常不为心形，下面稍有锈色柔毛。隐花果长椭圆形，长 5~6cm，两端尖而钝，熟时黄绿色，表面有白色斑点。见于宁海、象山；常攀援于岩石或墙上。

爱玉子

086 菩提树

学名 ***Ficus religiosa*** Linn.　　属名 榕属

形态特征　大乔木，幼时附生于其他树上，高达15~25m。叶革质，三角状卵形，9~17cm×8~12cm，先端骤尖，顶部延伸为尾状，基部宽截形至浅心形，全缘或波状，基生叶脉三出，侧脉5~7对；叶柄有关节。花雌雄同序。隐花果球形至扁球形，直径1~1.5cm，成熟时红色，光滑。

地理分布　产于喜马拉雅山区。鄞州、奉化、宁海及市区有栽培。

087 珍珠莲

学名 ***Ficus sarmentosa*** Buch.-Ham. ex J. E. Smith var. ***henryi*** (King ex Oliv.) Corner　属名 榕属

形态特征　常绿攀援或匍匐状灌木。幼枝密被褐色长柔毛。叶互生，椭圆形或营养枝上叶卵状椭圆形，6~12cm × 2~4cm，先端渐尖或尾尖，基部圆形或宽楔形，全缘或微波状，下面密被柔毛，网脉成蜂窝状，基出脉 3，侧脉 5~8 对；叶柄长 1~2cm，被毛。隐头花序单生或成对腋生，圆锥形或近球形，长 1.5~2cm，幼时密被褐色长柔毛；花雌雄异序。花期 4~5 月，果期 8 月。

生境与分布　见于慈溪、余姚、镇海、北仑、鄞州、奉化、宁海、象山；常攀援于山坡岩石上。产于全省山区、半山区；分布于华东、华南、西南。

主要用途　瘦果可制凉粉食用；根及藤入药；枝叶清秀，可用于园林绿化。

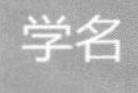

爬藤榕

学名 ***Ficus sarmentosa*** Buch.-Ham. ex J. E. Smith var. ***impressa*** (Champ. ex Benth.) Corner　属名 榕属

形态特征　常绿攀援灌木，长 2~10m。叶互生，披针形或椭圆状披针形，3~7cm × 1~2cm，先端渐尖或长渐尖，基部圆形或楔形，下面网脉稍隆起，具不显著的小凹点，侧脉 6~8 对；叶柄长 3~10mm，密被棕色毛。隐头花序成对腋生、单生或簇生，球形，径 4~7mm，有短梗；花雌雄异序。花期 4 月，果期 7 月。

生境与分布　见于余姚、鄞州、奉化、宁海；常攀援于岩石、树体或墙石上。产于全省山区；分布于华东、华南、华中、西南及陕西、甘肃。

主要用途　韧皮纤维可造纸、制绳索与犁缆等；根、茎入药；枝叶清秀，可作绿化观赏。

附种　**白背爬藤榕** var. ***nipponica***，叶长椭圆形，先端长渐尖或尾尖，下面网脉隆起成明显蜂窝状。见于鄞州、奉化、象山；生于山坡岩石上。

白背爬藤榕

089 葎草 拉拉藤

学名 ***Humulus scandens*** (Lour.) Merr.　属名 葎草属

形态特征　多年生草质藤本。茎具纵棱，与叶柄均有倒生小皮刺。叶对生，上部有时互生，叶近圆形，3~11cm × 3~11cm，基部心形，常掌状 5 深裂，边缘有粗锯齿，上面疏生白色刺毛，下面沿脉被刺毛，其余具柔毛及黄色腺体，5 出掌状叶脉，叶柄长 5~20cm；托叶三角形。花序腋生或顶生；雄花序圆锥状；雌花集成短穗状花序。瘦果淡黄色，卵圆形。花果期 8~9 月。

生境与分布　见于全市各地；低海拔常见，多成片蔓生于路边草丛、荒地或垃圾堆上。产于全省各地；除新疆和青海外，全国各地均有分布；朝鲜半岛、日本也有。

主要用途　茎皮纤维可代麻用，可造纸及纺织；全草可药用，有清凉、解毒、利尿、消肿、健胃的功效；种子可榨油。

090 葨芝 构棘

学名 ***Maclura cochinchinensis*** (Lour.) Kudo et Masam. 属名 柘属

形态特征 常绿直立或蔓生灌木，高达2~4m。树皮灰褐色，略粗糙，具粗壮、直立或略弯的枝刺。叶革质，倒卵状椭圆形或椭圆形，3~8cm×1~2.5cm，先端钝、渐尖或有凹缺，基部楔形，全缘，侧脉6~10对；叶柄长5~10mm。头状花序单生或成对腋生。聚花果球形，肉质，径3~5cm，橙红色，有毛，瘦果包在肉质的花萼和苞片中。花期4~5月，果期9~10月。

生境与分布 见于慈溪、余姚、镇海、北仑、鄞州、奉化、宁海、象山；多生于低海拔沟谷灌丛中。产于省内东部和南部地区；分布于华中、华南各省区；热带亚洲、非洲东部至大洋洲也有。

主要用途 果可生食或糖渍；干燥的根入药名“穿破石”，有舒筋、活血、祛风湿、清肺热的功效。

091 柘 桑橙

学名 *Maclura tricuspidata* (Carr.) Bureau ex Lavall　属名 柘属

形态特征　落叶小乔木，高可达 10m，常呈灌木状。树皮不规则薄片状剥落，具枝刺。叶卵形至倒卵形，2.5~14cm × 2~7cm，先端尖或钝，基部圆或楔形，全缘或有时 3 裂或不规则分裂；叶柄长 0.5~2cm。花序成对或单生于叶腋。聚花果球形，径约 2.5cm，橘红色或橙红色，表面皱缩。花期 6 月，果期 9~10 月。

生境与分布　见于全市各地；多生于山谷林缘、沟谷石隙或路边灌丛中。产于全省各地；分布于华东、华中、西南及广东、广西、河北、陕西。

主要用途　茎皮纤维供造纸、制绳索；叶可饲蚕；果可食。

092 桑

学名 ***Morus alba*** Linn. 属名 桑属

形态特征 落叶乔木，高可达 15m，常因修剪呈灌木状。树皮灰白色，浅纵裂。叶卵形，5~30cm × 4~12cm，边缘有粗锯齿，常有缺裂，下面脉上有疏毛、脉腋有簇毛；叶柄长 1~2.5cm，托叶披针形，长约 1cm。花雌雄异株；雄花序长 1~3.5cm；雌花序长 0.5~1cm。聚花果长 1~2.5cm，熟后黑紫色或白色。花期 4~5 月，果期 5~6 月。

地理分布 产于华中、华北。全市及全省各地有栽培。

主要用途 叶可饲蚕；果可食用；茎皮纤维可造纸；根皮、枝、叶、果有清肺热、补肝肾的功效；木材供器具、乐器、雕刻用。

093 鸡桑

学名 ***Morus australis*** Poir. 属名 桑属

形态特征 落叶灌木或小乔木，高达15m。叶卵圆形，5~16cm×4~12cm，先端急尖或尾尖，基部截形或近心形，边缘有粗锯齿，有时3~5裂，上面有粗糙短毛，下面脉上疏生短柔毛；叶柄长1.5~4cm。花雌雄异株；雄花序长1.5~3cm，雌花序长1~1.5cm。聚花果长1~1.5cm，熟时暗紫色。花期3~4月，果期4~5月。

生境与分布 见于余姚、北仑、奉化、象山；多生于山坡林缘或疏林中；宁海有栽培。产于丽水及安吉、临安、天台、泰顺；分布西至西藏，北至辽宁，南至海南；南亚及日本、朝鲜半岛、缅甸也有。

主要用途 茎皮纤维供造纸和人造棉；果可酿酒。

094 华桑

学名 ***Morus cathayana*** Hemsl. 属名 桑属

形态特征 落叶小乔木，高达 8m。树皮灰色平滑。叶卵形至宽卵形，4~20cm × 5~13cm，先端短尖或长尖或 3 深裂，基部截形或心形，边缘具钝锯齿，叶上面疏生刚毛，下面密被柔毛；叶柄长 1.5~3.5cm，密被柔毛。雄花序长 2~5cm；雌花序长 1.5~2cm。聚花果长 2~3cm，白色、红色或黑色。花期 4 月，果期 6 月。

生境与分布 见于余姚、北仑、鄞州、奉化、宁海；生于山谷林下或沟旁。产于杭州及安吉、开化、浦江、天台、仙居、遂昌；分布于华东、华中、西南及广东、河北、陕西；日本、朝鲜半岛也有。

主要用途 叶背多糙毛，不宜饲蚕。

荨麻科 Urticaceae*

095 序叶苎麻

学名 ***Boehmeria clidemioides*** Miq. var. ***diffusa*** (Wedd.) Hand.-Mazz. 属名 苎麻属

形态特征 亚灌木，高 50~100cm。茎直立，基部分枝，略带四棱形，伏生向上的短硬毛。叶互生或下部叶对生，叶卵形或卵状披针形，2.5~14cm × 2~7cm，先端短至长渐尖，基部宽楔形或近圆形，缘具粗齿，上面密生点状钟乳体和伏生短硬毛，下面沿叶脉伏生短硬毛，基脉 3 出；叶柄长达 7cm。花通常雌雄异株；团伞花序再集成穗状。瘦果卵球形。花果期 8~10 月。

生境与分布 见于宁海；生于岩缝湿润处。产于衢州、丽水及临安、淳安、泰顺等地；分布于华东、华中、西南及甘肃、陕西、广东、广西；东南亚、南亚也有。

主要用途 全株或根药用，治风湿、筋骨痛等症。

蕨类植物 裸子植物 被子植物

* 本科宁波有 10 属 24 种 2 亚种 7 变种，其中栽培 1 种 1 亚种，归化 1 种；本图鉴收录 9 属 24 种 1 亚种 7 变种。

096 海岛苎麻

学名 ***Boehmeria formosana*** Hayata　　属名 苎麻属

形态特征　亚灌木，高 0.5~1.6m。茎通常不分枝，近圆柱形。叶对生；叶长圆状卵形、长圆形或披针形，8~18cm × 2.5~8cm，先端长渐尖，基部宽楔形或近圆形，边缘具粗锯齿，上面散生短伏毛和密点状钟乳体，基脉 3 出；叶柄长 1~13cm；托叶披针形。雌雄异株或同株；团伞花序排成稀疏的穗状或分枝呈圆锥状。瘦果近球形。花期 7~8 月，果期 8~11 月。

生境与分布　见于余姚、北仑、鄞州、奉化、宁海、象山；生于山坡、路旁及溪边阴湿处。产于衢州、温州及临安、淳安、龙泉；分布于华东、华南及湖南、贵州；日本也有。

主要用途　茎皮纤维坚韧，可供纺织、造纸。

097 细野麻

学名 ***Boehmeria gracilis*** G. H. Wright　属名 苎麻属

形态特征　亚灌木，高 60~90cm。茎直立，常分枝。叶对生，卵形或宽卵形，5~11cm × 3.5~7cm，先端长尾尖，基部圆形或宽楔形，边缘有 8~12 枚粗牙齿，齿端稍前倾，上面疏生短糙伏毛，下面仅沿叶脉有毛；叶柄长 1~8cm；托叶狭披针形。花雌雄异株或同株。瘦果倒卵形或菱状倒卵形。花期 6~9 月，果期 7~11 月。

生境与分布　见于余姚、宁海；生于沟谷溪边、林缘阴湿草丛中。产于天台、临安；分布于华东、华中及贵州、四川、陕西、山西、河北、辽宁、吉林；日本、朝鲜半岛也有。

主要用途　茎皮纤维坚韧，可造纸或纺织；全株药用，治皮肤发痒、湿毒等症。

098 大叶苎麻

学名 ***Boehmeria japonica*** (Linn. f.) Miq. 属名 苎麻属

形态特征 亚灌木，高 60~150cm。叶对生，叶宽卵形至卵圆形，7~19cm × 5~13cm，先端长渐尖或尾尖，基部宽楔形、近圆形或截形，边缘具不整齐的牙齿，上部常有重锯齿，上面粗糙，疏生白色粗伏毛和密生细颗粒状钟乳体，下面被短柔毛；叶柄长 2~8cm；托叶长三角形或三角状披针形。团伞花序集成长穗状。瘦果狭倒卵形。花期 6~9 月，果期 7~11 月。

生境与分布 见于慈溪、余姚、镇海、北仑、鄞州、奉化、宁海、象山；生于山坡林下、林缘草丛或路旁乱石中。产于杭州及遂昌、龙泉、瑞安等地；分布于华东、华中、华南及四川、陕西；日本也有。

主要用途 茎皮纤维发达，可代麻；叶供药用，可清热解毒、消肿，治疥疮。

099 洞头水苎麻

学名 ***Boehmeria macrophylla*** Hornem. var. ***dongtouensis*** W. T. Wang 属名 苎麻属

形态特征 亚灌木或多年生草本，高 1~2m。茎上部有疏或稍密的短伏毛。叶对生或近对生；叶卵形或椭圆状卵形，6~18cm × 3~13cm，先端长骤尖或渐尖，基部宽楔形或圆形，稍偏斜，边缘有小牙齿，叶面稍粗糙，有短伏毛。穗状花序单生叶腋，雌雄异株或同株；雌花序密接。瘦果全面被毛。花果期7~9 月。

生境与分布 见于宁海、象山；生于山谷林下或沟边。产于温州、台州、舟山沿海及岛屿。

100 苎麻

学名 ***Boehmeria nivea*** (Linn.) Gaud.　　属名 苎麻属

形态特征 亚灌木，高可达 1.5~2m。具横生的根状茎；茎直立，丛生，基部分枝；小枝、叶柄密生灰白色开展的长硬毛。叶互生，叶宽卵形或卵形，5~16cm × 3.5~13cm，先端渐尖或尾尖，基部宽楔形或截形，边缘具三角状粗锯齿，上面粗糙，下面密被交织的白色毡毛；基脉 3 出。花单性同株，团伞花序圆锥状。瘦果椭圆形。花期 7~9 月，果期 8~11 月。

生境与分布 见于全市各地；常成片生于山坡、路旁、水沟边或林下杂草丛中。产于全省各地；分布于华东、华中、华南、西南，习见栽培；亚洲东部及南部也有。

主要用途 茎纤维柔韧，白色，富有光泽，是麻类中的上品，可用于纺织、造纸；根、叶可入药，有利尿解热、止血等功效；种子含油，可供制皂及食用；嫩叶可养蚕，作饲料。

附种 1 伏毛苎麻 var. ***nipononivea***，茎和叶柄上仅有贴伏的短糙毛；叶多为卵形，先端骤尖，基部楔形。见于除江北及市区外的全市各地；生境同苎麻。

附种 2 青叶苎麻 var. ***tenacissima***，茎和叶柄上仅有短伏毛；叶下面微生短伏毛，稀有薄层白毡毛。见于除江北、鄞州及市区外的全市各地；生境同苎麻。

伏毛苎麻

青叶苎麻

101 悬铃叶苎麻

学名 ***Boehmeria tricuspis*** (Hance) Makino　属名 苎麻属

形态特征　亚灌木，高可达1.5m。茎密生褐色或灰色细伏毛。叶对生，扁卵圆形或近圆形，6~18cm×5~22cm，先端3齿裂，中裂片似龟尾状，基部圆形至截形，边缘具粗锯齿或重锯齿，上面密被糙伏毛和钟乳体，下面密生短柔毛；基脉3出，网脉明显；叶柄长5~10cm；托叶卵状披针形。花雌雄同株；团伞花序组成腋生穗状花序。瘦果倒卵形。花期6~9月，果期8~11月。

生境与分布　见于余姚、镇海、北仑、鄞州、奉化、宁海、象山；生于山坡林下、林缘路边、沟谷溪旁湿润处。产于全省山区、半山区；分布于华北、华东、华中、华南、西南、西北；日本、朝鲜半岛也有。

主要用途　茎皮纤维坚韧，可供纺纱织布或制造高级纸张；根、叶药用，治外伤出血、跌打肿痛、风疹、荨麻疹；也可作猪饲料；种子含油，可制皂和食用。

102 楼梯草

学名 ***Elatostema involucratum*** **Franch. et Sav.** **属名** 楼梯草属

形态特征 多年生草本，高 15~45cm。茎肉质透明，具多棱及凹槽。叶互生，斜倒披针状长圆形或斜长圆形，有时稍镰刀状弯曲，4~16cm × 2~6cm，先端骤尖，上侧基部楔形，中部以上有不整齐粗锯齿，下侧基部圆形或浅心形，1/3 以上有不整齐粗锯齿，两面密生钟乳体；侧脉 5~8 对；托叶狭条形或狭三角形。雌雄异株或同株。瘦果卵球形。花期 8~10 月，果期 10~11 月。

生境与分布 见于余姚、奉化；生于溪沟旁、林下阴湿处。产于临安；分布于华东、华中、西南、西北及广东、广西；日本、朝鲜半岛也有。

主要用途 全草药用，名“赤车使者”，有活血祛瘀、利尿消肿的功效。

附种 **光茎钝叶楼梯草** ***E. obtusum*** var. ***glabrescens***，蔓生草本；叶长 1~2.5cm，边缘上部有圆齿。见于奉化、象山；生于山谷溪边或林中。

光茎钝叶楼梯草

103 庐山楼梯草

学名 ***Elatostemas tewardii*** Merr.　属名 楼梯草属

形态特征　多年生草本，高 20~50cm。茎肉质，近透明，上面具 1 凹槽和 2 棱，少分枝，常具球形、卵球形紫褐色珠芽。叶互生，斜椭圆形或斜倒卵形，5~16cm × 2~4.5cm，先端渐尖或长渐尖，上侧基部狭楔形，中部以上有粗锯齿，下侧基部耳形，1/3 以上有粗锯齿，两面密生细线状钟乳体；托叶钻状三角形。花单性异株。瘦果狭卵形。花期 7~8 月，果期 8~9 月。

生境与分布　见于余姚、北仑、鄞州、奉化、宁海、象山；生于山坡林下、沟谷溪旁阴湿处。产于临安、天台；分布于华东、华中及四川、甘肃、陕西。

主要用途　全草药用，名“白龙骨”，有活血祛瘀、消肿解毒、止咳的功效。

糯米团 糯米藤

学名 ***Gonostegia hirta*** (Bl. ex Hassk.) Miq. 属名 糯米团属

形态特征 多年生草本，长可达1m。茎匍匐或斜升，通常具分枝，具白色短柔毛。叶对生，卵形或卵状披针形，3~10cm×1~4cm，先端渐尖，基部圆形或浅心形，全缘，表面密生点状钟乳体和散生细柔毛，下面沿叶脉生柔毛，基脉3出。花淡绿色；雄花簇生于上部的叶腋；雌花簇生于稍下部的叶腋。瘦果三角状卵形。花期5~8月，果期7~10月。

生境与分布 见于全市各地；生于山坡、溪旁或林下阴湿处。产于全省各地；分布于华东、华南、西南及陕西；亚洲热带、亚热带及澳大利亚也有。

主要用途 全草可供药用，有清热解毒、健胃消食、止血消炎的功效。

105 珠芽艾麻 华中艾麻

学名 ***Laportea bulbifera*** (Sieb. et Zucc.) Wedd. 属名 艾麻属

形态特征 多年生草本，高 40~80cm。茎具条棱。叶宽卵形至卵状披针形，6~16cm × 3~9cm，先端渐尖，基部楔形至钝圆形，边缘有粗锯齿，两面脉上疏生螯毛和短伏毛，密生点状钟乳体，基脉 3 出，侧脉 3~4 对；叶柄长 3~7cm，疏生螯毛。雄花序生于上部的叶腋；雌花序圆锥状，顶生。瘦果扁卵形，花柱宿存，基部钩曲。花期 7~9 月，果期 9~10 月。

生境与分布 见于余姚、北仑、鄞州、奉化、宁海；生于山坡林缘或林下阴湿处。产于德清、临安、淳安、天台、温岭、龙泉、遂昌等地；分布于华南、西南、华中、华北、东北；东南亚、南亚、东北亚也有。

主要用途 茎皮纤维坚韧，可供纺织用；根供药用，有祛风、除湿、调经的功效；嫩叶可食。

106 花点草 幼油草

学名 ***Nanocnide japonica*** Bl. 属名 花点草属

形态特征 多年生小草本，高 10~30cm。茎常下部匍匐，被向上的短伏毛。叶近三角形或菱状卵形，长 1~4cm，先端钝，基部宽楔形至截形，边缘生粗钝的圆锯齿，表面疏生长柔毛和点状或线状的钟乳体，基脉 3 出；叶柄长 0.5~2cm，生柔毛；托叶斜卵形。花序生于枝叶腋；雄花紫红色或淡紫红色，雌花绿色。瘦果卵形。花期 4~5 月，果期 5~6 月。

生境与分布 见于慈溪、余姚、北仑、鄞州、奉化、宁海、象山；生于山坡阴湿草丛中或溪沟边。产于临安；分布于华东、华中、西南及甘肃、陕西；日本、朝鲜半岛也有。

主要用途 全草可供药用，有清热、润肺、止咳的功效。

附种 毛花点草 ***N. lobata***，茎较柔软，常上升或平卧，茎上的毛向下。花白色；雄花序生于叶腋，花序梗短于叶。见于全市各地；生于林缘草丛、宅旁墙缝阴湿处。

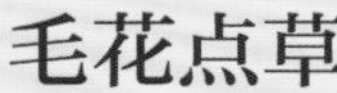

毛花点草

107 紫麻

学名 *Oreocnide frutescens* (Thunb.) Miq. 属名 紫麻属

形态特征 小灌木，高 50~100cm。叶常聚生于茎或分枝的上部，叶卵形至狭卵形，2~15cm × 1~6cm，先端渐尖或尾尖，基部近圆形或宽楔形，边缘有锯齿，上面具点状钟乳体，下面常有交织的白色柔毛或短绒毛，基脉 3 出；叶柄长 0.5~7cm；托叶钻形，离生。花序簇生状，生于老枝上。瘦果扁卵球形，具白色肉质花托，包围着果的大部分。花期 4~6 月，果期 7~11 月。

生境与分布 见于全市丘陵山地；生于山坡阴湿处或沟旁乱石堆、石坎缝中。产于全省山区、半山区；分布于华东、华中、华南、西南及甘肃、陕西；日本及中南半岛也有。

主要用途 茎皮纤维细长而坚韧，可供纺织、造纸及编织；根、茎、叶药用，有行气活血的功效。

108 山椒草 短叶赤车

学名 *Pellionia brevifolia* Benth. 属名 赤车属

形态特征 多年生草本，长 10~30cm。茎下部匍匐，上部渐升。叶斜椭圆形或倒卵形，0.5~3cm × 0.5~2cm，先端钝圆，稀急尖，边缘自基部以上有圆锯齿，下面脉上有柔毛，近离基三出脉；叶柄短，被柔毛；托叶钻形。花单性异株；雄花序聚伞状；雌花序为团伞花序。瘦果椭圆形。花期 5~10 月。

生境与分布 见于余姚、北仑、鄞州、奉化、宁海、象山；生于林下、岩壁及溪边阴湿处。产于丽水及临安、泰顺等地；分布于华中及安徽、福建、广东、广西；日本也有。

主要用途 全草入药，有祛瘀消肿、解毒、止痛的功效。

109 赤车

学名 ***Pellionia radicans*** (Sieb. et Zucc.) Wedd. 属名 赤车属

形态特征 多年生肉质草本，长可达25cm以上。茎有分枝，下部匍匐，生不定根，上部渐升。叶互生，卵形或狭椭圆形，偏斜，2~5cm×1~2.5cm，先端渐尖至长渐尖，基部极偏斜，在狭长的一侧楔形，较宽的一侧耳形，边缘具浅锯齿；托叶钻形。花单性异株；雄花序聚伞状；雌花序为团伞花序。瘦果卵形。花期11月至翌年3月；果期5月。

生境与分布 见于全市各地山区；生于林下、沟旁或溪边阴湿处。产于台州、丽水、温州；分布于安徽、江西、湖南、广东、广西、云南、贵州；越南、日本也有。

附种1 曲毛赤车 ***P. retrohispida***，茎上升，下部节处生根，贴生有向下的糙伏毛；叶先端微尖或短渐尖；托叶三角形。见于鄞州；生于林下、阴湿岩石旁。

附种2 蔓赤车 ***P. scabra***，茎基部木质化，通常分枝，密生短糙毛；叶两面均密生线状细小的钟乳体。见于全市各地山区；生于林下阴湿处。

曲毛赤车

蔓赤车

110 长柄冷水花

学名 ***Pilea angulata*** (Bl.) Bl. ssp. ***petiolaris*** (Sieb. et Zucc.) C. J. Chen 属名 冷水花属

形态特征 多年生草本，高 25~100cm。茎通常单一，具明显的棱角，基部稍木质，通常被毛，节间关节状膨大。叶卵状椭圆形至宽卵形，5~12cm × 3~5cm，先端渐尖或尾尖，基部宽楔形、圆形或浅心形，边缘具粗锯齿，有时具重锯齿，上面散生硬毛，基脉 3 出；叶柄长 2~9cm。雌雄异株；雄花序聚伞总状；雌花序较短而密。花期 8~9 月，果期 10~11 月。

生境与分布 见于慈溪、余姚、鄞州、奉化、宁海、象山；常呈小片状生于山坡、溪沟旁林下、林缘阴湿处。产于杭州、衢州及义乌等地；分布于华南、西南及福建、湖南、湖北；日本也有。

附种 **花叶冷水花** ***P. cadierei***，叶上面中央有 2 条间断的白斑。原产于越南中部山区。市区有栽培。

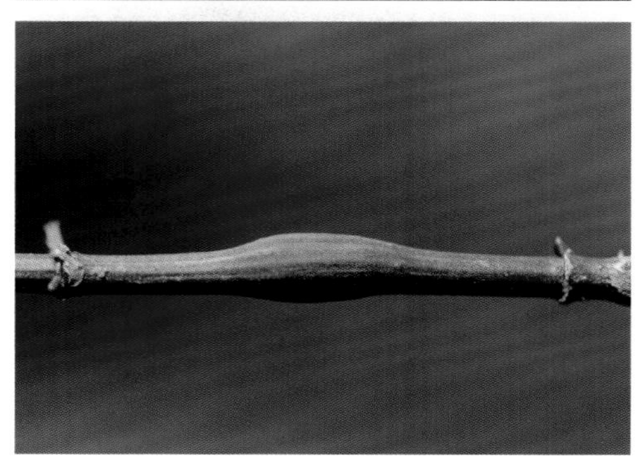

花叶冷水花

111 山冷水花 华东冷水花

学名 *Pilea japonica* (Maxim.) Hand.-Mazz.　　属名 冷水花属

形态特征　一年生多汁草本，高 5~30cm。茎常带紫色，分枝。叶三角状卵形或菱状卵形，1~5cm × 0.5~3cm，先端锐尖或短尾状渐尖，基部宽楔形或楔形，偏斜，上面疏生短毛，边缘具粗锐牙齿，具睫毛，两面散生棒状钟乳体，基脉 3 出，侧脉 2~3 对；叶柄长 1~3cm；托叶长圆形。花常雌雄同序；聚伞花序具纤细的长总梗。瘦果卵形，稍压扁。花期 7~9 月，果期 8~11 月。

生境与分布　见于余姚、鄞州、奉化、宁海、象山；生于沟边林下阴湿处或岩石上。产于杭州及天台等地；分布于华东、华中、华南、西南、西北、东北；东北亚也有。

主要用途　全草药用，有清热解毒、渗湿利尿的功效。

112 小叶冷水花 礼炮花

学名 ***Pilea microphylla*** (Linn.) Liebm.　　属名 冷水花属

形态特征　一年生铺散小草本，高约 10cm。茎多分枝，稍肉质。叶倒卵状椭圆形或匙形，4~8mm × 1.5~3mm，先端钝，基部楔形，全缘，钟乳体线形；叶柄长 1~3mm。花单性同株；聚伞花序小形。瘦果卵形。花果期 8~11 月。

生境与分布　原产于南美洲热带。慈溪、鄞州、宁海、象山及市区有逸生；常生于路旁石坎缝隙中。省内临安、三门、温岭、仙居等地有逸生；华东、华南低海拔地区广泛逸生。

主要用途　可栽培供观赏。

113 冷水花

学名 *Pilea notata* C. H. Wright　　属名 冷水花属

形态特征 多年生多汁草本，高25~65cm。茎细弱，直立，少分枝。叶对生，卵形、狭卵形至卵状披针形，4~12cm×2~4.5cm，先端渐尖或尾尖，基部圆形或宽楔形，边缘基部以上有浅锯齿，钟乳体条形，基脉3出；叶柄长0.5~7cm。花单性，雌雄异株；雄花序为疏松的聚伞总状，生于叶腋；雌蕊花序短而密。瘦果卵形，稍偏斜，淡黄褐色。

生境与分布 见于余姚、北仑、奉化、宁海、象山；生于沟旁及林下阴湿处。产于杭州及龙泉、泰顺；分布于华中及江苏、福建、广东、广西、四川、贵州、陕西。模式标本采自宁波。

114 齿叶矮冷水花

学名 ***Pilea peploides*** (Gaud.) Hook. et Arn. var. ***major*** Wedd. 属名 冷水花属

形态特征 肉质小草本，高 3~20cm。茎基部匍匐，多分枝。叶对生，圆菱形或菱状扇形，0.4~2.1cm × 0.3~2.3cm，先端圆或钝，基部宽楔形或近圆形，边缘在基部或中部以上有浅钝牙齿，两面生近横向排列的线状钟乳体，下面被暗紫色或褐色腺点，基脉 3 出；叶柄长 0.2~2cm；托叶不明显。花雌雄同株，密集成团伞花序，总花梗短或近无。瘦果宽卵形，压扁。花果期 4~7 月。

生境与分布 见于慈溪、余姚、北仑、鄞州、奉化、宁海、象山；生于山坡石隙、岩缝、墙边或山谷草地阴湿处。产于杭州、温州、绍兴、金华、衢州、舟山、台州、丽水；分布于长江以南各省区；东北亚、东南亚、南亚及太平洋群岛（夏威夷）也有。

115 透茎冷水花

学名 *Pilea pumila* (Linn.) A. Gray　　属名 冷水花属

形态特征 一年生多汁草本，高 20~50cm。茎较粗壮，肉质，鲜时透明，常分枝。叶菱状卵形或宽卵形，1~9cm × 1~5cm，先端渐尖或微钝，基部宽楔形，边缘具粗锯齿，两面均散生狭条形的钟乳体，基脉3出；叶柄长 0.5~5cm。花单性同株或异株；蝎尾状聚伞花序短而紧密。瘦果扁卵形。花期 7~9 月，果期 8~11 月。

生境与分布 见于慈溪、余姚、镇海、北仑、鄞州、奉化、宁海、象山；生于山沟林下、阴湿草丛中或岩石旁。产于杭州、衢州及龙泉等地；我国除新疆、青海以外均有分布；东亚其他国家、北美洲及俄罗斯也有。

主要用途 根、茎药用，有清热利尿、消肿解毒、安胎的功效；茎可食用。

116 粗齿冷水花

学名 ***Pilea sinofasciata*** C. J. Chen 属名 冷水花属

形态特征 一年生多汁草本，高 20~60cm。茎单一。叶对生，卵形、宽卵形或椭圆形，4~15cm × 2~7cm，先端长渐尖或尾尖，基部宽楔形或近圆形，边缘在基部以上具粗牙齿，钟乳体狭条形，散生，基脉 3 出；叶柄长 0.5~6.5cm。花单性同株或异株；圆锥花序长达 3cm。瘦果卵形。

生境与分布 见于慈溪、余姚、北仑、鄞州、奉化、宁海、象山；生于山坡草丛中或溪沟旁。产于临安、泰顺；分布于华中、西南及广东、广西、陕西。

117 玻璃草 三角叶冷水花

学名 *Pilea swinglei* Merr.　　属名 冷水花属

形态特征 稍肉质草本，高 5~20cm。茎基部匍匐，少分枝。叶卵圆形或三角状宽卵形，1~5cm × 1~3cm，先端钝或短渐尖，基部宽楔形、圆形或微心形，边缘疏生粗钝锯齿，有时波状或近全缘，钟乳体狭条形，叶下面常具蜂窝状凹点，基脉 3 出；叶柄长 0.5~2cm。花单性；团伞花序腋生；雄花序单生，雌花序双生。瘦果卵形。花期 6~10 月，果期 7~11 月。

生境与分布 见于余姚、北仑、宁海、象山；生于山坡、沟谷林下阴湿岩石上。产于丽水、温州及临安、淳安等地；分布于华中及安徽、福建、广东、广西、贵州；缅甸也有。

主要用途 全草药用，有清热解毒、祛瘀止痛的功效。

118 雾水葛

学名 ***Pouzolzia zeylanica*** (Linn.) Benn. 属名 雾水葛属

形态特征 多年生草本，高可达 40cm。茎直立或斜升。叶对生或茎上部的互生，叶卵形或宽卵形，1~3.5cm × 1~2cm，先端短尖或钝，基部圆形，全缘，两面生粗伏毛，上面生密点状钟乳体，基脉 3 出；叶柄长 0.3~1cm。花单性，团伞花序腋生；雌雄花生于同一花序上。瘦果卵形。花期 7~9 月，果期 8~11 月。

生境与分布 见于鄞州；生于潮湿山麓林缘、溪沟边草丛中及宅旁、路边石坎中。产于临安、诸暨、温岭、瑞安、泰顺等地；分布于华东、华中、华南及四川、云南、甘肃；亚洲热带地区广布，澳大利亚也有。

主要用途 全草可供药用，有清热利湿、排脓解毒的功效。

附种 **多枝雾水葛** var. ***microphylla***，常铺地，多分枝，末回小枝常多数，互生，生有很小的叶子；叶形变化较大，卵形、狭卵形至披针形。见于鄞州；生于草坡上。

多枝雾水葛

山龙眼科 Proteaceae*

119 越南山龙眼 红叶树

学名 ***Helicia cochinchinensis*** Lour.　　属名 山龙眼属

形态特征 常绿乔木或灌木，高 2~9m。单叶，互生；叶狭椭圆形至倒卵状披针形，5~12cm × 2~5.5cm，先端渐尖，基部楔形，中部以上有粗锯齿或近全缘，幼树及萌芽枝上叶具粗锐锯齿；叶柄长 0.7~1.5cm。总状花序腋生，长 5~12cm；花两性，有香气；萼片 4，绿黄色，蕾时镊合状排列成细长管状，开放后向外反卷；无花瓣。坚果椭圆状球形至卵形，熟时紫黑色，微被白粉。花期 7~8 月，果期 10~12 月。

生境与分布 见于慈溪、余姚、北仑、鄞州、奉化、宁海、象山；生于山坡沟谷阔叶林中。产于丽水、温州及普陀；分布于长江以南各省区；越南、日本也有。

主要用途 种子可榨油、制肥皂及润滑油，也可提取淀粉。

* 本科宁波有 1 属 1 种。

铁青树科 Olacaceae*

120 青皮木

学名 ***Schoepfia jasminodora*** Sieb. et Zucc.　**属名** 青皮木属

形态特征　落叶小乔木，高 2~7m。树皮灰白色，不裂至细纵裂。叶卵形至卵状披针形，3.5~11cm × 2~6cm，先端渐尖或近尾尖，基部圆形或近截形，全缘，上面叶脉近基部常带紫褐色；叶柄常带淡红色。聚伞状总状花序，生于新枝叶腋，下垂，长 2.5~8cm；花冠黄白色，钟状；花柱细长，常伸出于花冠外。核果椭圆形，熟时由黄色变为红色、紫黑色。花期 4~5 月，果期 5~7 月。

生境与分布　见于慈溪、余姚、北仑、鄞州、奉化、宁海、象山；多生于低山丘陵向阳山坡、沟谷疏林中或林缘；产于全省丘陵山地；分布于长江以南各省区；日本也有。

主要用途　果实色彩丰富，新叶及秋叶可作观赏。枝叶清秀，果实色彩多变，春叶鲜黄色，秋叶紫红色，可作园林观赏。

* 本科宁波有 1 属 1 种。

檀香科 Santalaceae*

百蕊草

学名 ***Thesium chinense*** Turcz. 属名 百蕊草属

形态特征 半寄生多年生草本，高15~40cm。茎纤弱，从基部产生多分枝，常呈丛生状，有纵条纹。叶互生，条形，1~3cm×0.1~0.3cm，先端尖，全缘，淡黄绿色，仅具1条明显的中脉。花单生叶腋，基部具1苞片及2小苞片；花萼下部合生近钟状，白色，背部带绿色。坚果球形或椭圆形。花期4月，果期5~6月。

生境与分布 见于慈溪、余姚、北仑、鄞州、奉化、宁海、象山；生于山坡旷地草丛中或田野阴湿处。产于全省丘陵山地；分布于除西北以外的全国各地；东北亚也有。

主要用途 全草药用，有抗菌消炎、清热解毒、解暑利湿的功效。

* 本科宁波有1属1种。

桑寄生科 Loranthaceae*

122 锈毛钝果寄生 锈毛寄生

学名 ***Taxillus levinei*** (Merr.) H. S. Kiu　属名 钝果寄生属

形态特征　常绿寄生灌木。幼枝、花梗、花冠均密被锈褐色绒毛。叶对生或近对生，叶椭圆形或长椭圆形，4~10cm × 1.5~4cm，两端钝，叶下面有锈色毛；叶柄长 0.5~1.5cm，有绒毛。伞形花序腋生，通常具花 2 朵；花冠花蕾时管状，顶部圆球形，花冠筒下部外面紫红色，缺裂处有黄色条纹。果椭圆形，橙黄色，果皮具颗粒状体，有疏毛。花期 10~12 月，果期翌年 5~6 月。

生境与分布　见于奉化；寄生于朴树上。产于丽水、温州及临安、建德、诸暨；分布于华东、华中、华南。

* 本科宁波有 2 属 2 种。

123 槲寄生

学名 ***Viscum coloratum*** (Kom.) Nakai **属名** 槲寄生属

形态特征 常绿半寄生小灌木，高 30~60cm。茎圆柱形，黄绿色，常二至三回叉状分枝。叶生于近枝顶，肥厚，叶倒披针形或长椭圆形，2~7cm × 1~2cm，先端钝圆，基部窄楔形，全缘，通常具 3 脉。花雌雄异株，生于枝顶或分叉处，绿黄色。浆果球形，熟时黄色或橙红色，半透明，有黏液。花期 4~8 月，果期翌年 2 月。

生境与分布 见于北仑、鄞州、奉化；寄生于枫杨、枫香、苦槠、青冈等枝上。产于全省各地；分布于东北、华北及甘肃、陕西、河南、湖北、四川；东北亚也有。

主要用途 全株入药，有祛风湿、强筋骨、补肝肾、降血压、养血、安胎、催乳等功效。

马兜铃科 Aristolochiaceae*

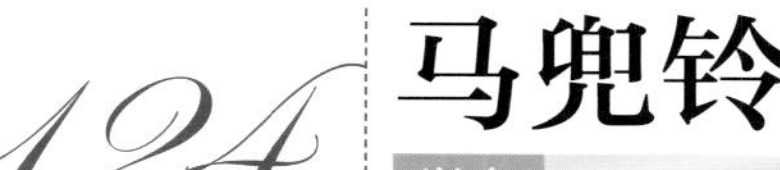

马兜铃

学名 ***Aristolochia debilis*** Sieb. et Zucc.　　属名 马兜铃属

形态特征　多年生缠绕草本。茎具纵沟。叶三角状卵形至卵状披针形，3~8cm × 1~4.5cm，先端圆钝，具小尖头，基部心形，两侧常突然外展成圆耳；基出叶脉 5~7。花 1~2 朵生于叶腋，花梗基部有 1 枚极小的苞片；花被筒直或稍曲折，下部黄绿色，基部膨大成球状，檐部暗紫色。蒴果近球形，熟时中部以下连同果梗一起开裂呈提篮状。花期 6~7 月，果期 9~10 月。

生境与分布　见于全市各地；生于山坡路边灌丛中。产于全省各地；分布于黄河以南各省区；日本也有。

主要用途　常用中药，根、茎、果均可入药，有行气、解毒、消肿等功效。

* 本科宁波有 2 属 7 种。

125 鲜黄马兜铃

学名 ***Aristolochia hyperxantha*** X. X. Zhu & J. S. Ma 属名 马兜铃属

形态特征 多年生缠绕草本。茎圆柱形。叶片长卵状三角形或卵状三角形，4~15cm × 2~9cm，先端渐尖，基部心形，两面被短柔毛或无毛，基出叶脉 5；叶柄长 1~5cm，被短柔毛。花单生叶腋，花梗近基部处具 1 枚小的叶状苞片；花被筒烟斗状弯曲，檐部微 3 裂，裂片阔卵形，鲜黄色，喉部黄白色，具密集的紫褐色斑纹。蒴果圆柱形，有 6 条翅状棱，熟时上部开裂。花期 5~6 月，果期 7~8 月。

生境与分布 见于宁海；生于山坡林缘。产于临安。

126 尾花细辛

学名 ***Asarum caudigerum*** Hance　属名 细辛属

形态特征 多年生草本。全株被多细胞长柔毛。根状茎斜升。叶 2~4 枚，卵状心形，3~10cm × 3.5~10cm；叶柄长 3~10cm；鳞片叶长圆形。花单生叶腋；花梗长 1~2cm；花被筒卵状钟形，裂片卵形，花时上举，先端具线状长尾。蒴果近球形。花果期 4~7 月。

生境与分布 见于宁海；生于山坡林下阴湿处。产于丽水及仙居、文成、泰顺；分布于华中、华南、西南及福建；越南也有。

127 杜衡

学名 ***Asarum forbesii*** Maxim.　　**属名** 细辛属

形态特征 多年生草本。根状茎短；须根肉质，微辛辣味。叶 1~2 枚；叶肾状或圆心形，2.5~8cm × 2.5~8cm，先端圆钝，基部深心形，上面常具灰白色云斑；叶柄长 4~15cm；鳞片叶倒卵状椭圆形，脉纹明显。花单生叶腋；花被筒钟形，内侧具凸起的网格，喉部有狭膜环，裂片宽卵形，脉纹明显。蒴果卵球形。花期 3~4 月，果期 5~6 月。

生境与分布 见于北仑、奉化、宁海、象山；常生于山坡林下阴湿处。产于杭州及长兴、安吉、诸暨、嵊州、定海；分布于华东、华中及四川。

主要用途 全草入药，可祛风止痛、温经散寒。

128 马蹄细辛 小叶马蹄香

学名 ***Asarum ichangense*** C. Y. Cheng et C. S. Yang 属名 细辛属

形态特征 多年生草本。根状茎短；须根肉质，微辛辣味。叶 1~3 枚；叶圆心形或卵状心形，3~9cm × 3~8cm，先端圆钝或急尖，上面偶有云斑，近边缘处被微毛，下面幼时紫红色；叶柄长 3~15cm；鳞片叶椭圆形，边缘有纤毛。花单生叶腋；花梗长约 1cm，常弯垂；花被筒卵球形，裂片三角状卵形，平展。蒴果卵球形。花果期 5~7 月。

生境与分布 见于余姚、宁海、象山；生于山坡林下阴湿处。产于台州、丽水、温州及江山；分布于华中及安徽、福建、广东、广西。

129 肾叶细辛

学名 ***Asarum renicordatum*** C. Y. Cheng　　属名 细辛属

形态特征　多年生草本。根状茎斜升。叶、花梗、花被管均被柔毛。叶2枚，对生；叶肾状心形，3~4cm×6~7.5cm，先端钝圆，基部深心形；叶柄长10~14cm，密被开展白色长柔毛。花单生于两叶之间；花梗长约2.5cm；花被裂片下部靠合如管状，管长约10mm，花被裂片上部三角状披针形，先端渐窄成一狭长尖头或短尖头；雄蕊与花柱等长或稍长；花柱合生，顶端6裂。花期5月。

生境与分布　仅见于宁海；生于海拔300m左右的阴湿林下。产于临安昌化、安吉龙王山；分布于安徽黄山、九华山。

130 细辛 华细辛

学名 ***Asarum sieboldii*** Miq.　　属名 细辛属

形态特征 多年生草本。根状茎短；须根肉质，极辛辣，有麻舌感。叶1~2枚；叶肾状心形，4~14cm×4.5~12cm，先端短渐尖，基部深心形，上面被微毛，下面脉上被微毛；叶柄长10~20cm；鳞片叶椭圆形。花单生叶腋；花梗长2~3cm；花被筒钟形，内侧仅具多数纵褶，花被裂片宽卵形，平展。蒴果近球形。花期4~5月。

生境与分布 见于余姚、鄞州、奉化、宁海；多生于山坡或沟谷林下阴湿处。产于安吉、德清、临安；分布于华中及安徽、山东、四川、陕西；日本也有。

主要用途 常用中药，全草可祛风散寒、止痛。

蓼科 Polygonaceae*

131 金线草

学名 ***Antenoron filiforme*** (Thunb.) Roberty et Vautier　属名 金线草属

形态特征 多年生草本，高 50~100cm。全株被粗伏毛；茎上部具细沟纹，有细长柔毛，节稍膨大，很少分枝。叶椭圆形或倒卵形，6~15cm × 3~8cm，上面中央有“八”字形墨迹斑，先端渐尖或急尖，基部宽楔形稀圆形；托叶鞘筒状，顶端截形，具缘毛，生于下部的易破裂。花深红色，2~3 朵生于苞腋内，疏生成顶生或腋生的长穗状花序。瘦果椭圆形，双凸镜状。花果期 9~10 月。

生境与分布 见于全市山区、半山区；多生于山坡林下阴湿处、沟谷边灌草丛中。产于全省丘陵山地；分布于华东、华中、华南、西南及陕西、甘肃；朝鲜半岛、日本、越南也有。

主要用途 全草入药，有凉血止血、祛痰调经、止痛的功效。

附种 **短毛金线草** var. ***neofiliforme***，茎无毛或有稀疏短柔毛；叶先端长渐尖，两面有小点，无毛或微有短粗伏毛。见于余姚、北仑、鄞州、奉化、宁海、象山；生于山坡林下、路边草丛中。

短毛金线草

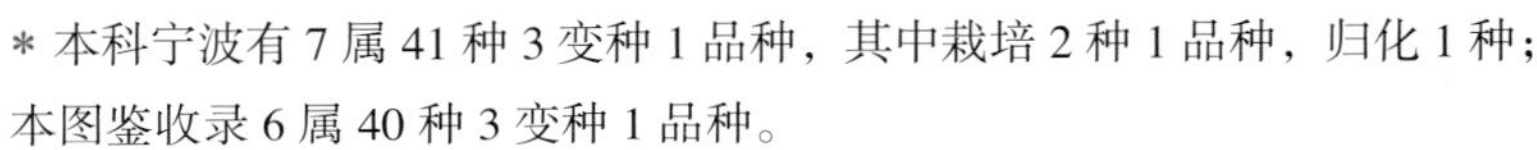

* 本科宁波有 7 属 41 种 3 变种 1 品种，其中栽培 2 种 1 品种，归化 1 种；本图鉴收录 6 属 40 种 3 变种 1 品种。

132 金荞麦 野荞麦 金锁银开

学名 ***Fagopyrum dibotrys*** (D. Don) Hara　　属名 荞麦属

形态特征　多年生无毛草本，高 60~150cm。有结节状坚硬块根；茎中空。叶宽三角形或卵状三角形，4~12cm × 3~11cm，先端渐尖或尾尖，基部心状戟形，边缘及两面具乳头状凸起；托叶鞘筒状，顶端截形。花序排成顶生或腋生的总状花序，再组成伞房状；花被白色。瘦果卵状三角形，超出宿存花被 2~3 倍。花期 5~8 月，果期 9~10 月。

生境与分布　见于全市各地；生于山坡荒地、水沟石坎边。产于全省各地；分布于华东、华中、华南、西南、西北；南亚及越南、泰国也有。

主要用途　国家Ⅱ级重点保护野生植物。块根入药，有清热解毒、软坚化结、调经之痛的功效。

附种　荞麦 ***F. esculentum***，一年生草本；无明显块根；花簇密集。原产于中亚。余姚、北仑、鄞州、奉化、宁海、象山有栽培。

荞麦

133 何首乌

学名 ***Fallopia multiflora*** (Thunb.) Harald. 属名 何首乌属

形态特征 多年生缠绕草本，有肥大不整齐的纺锤状块根。茎具沟纹，中空，基部木质化，上部多分枝。叶狭卵形至心形，3~7cm × 2~5.5cm，先端急尖或长渐尖，基部心形，边缘略呈波状；托叶鞘筒状。圆锥花序顶生或腋生；花被白色，外面3片背部具翼，果时增大，下延至果梗。瘦果藏于翼状的花被内。花期8~10月，果期10~11月。

生境与分布 见于全市各地；生于山野石隙、灌丛中及断墙残垣之间，常缠绕于墙上、岩石上及树木上。产于全省各地；分布于华东、华中、华南、西南及陕西、甘肃；日本也有。

主要用途 块根入药，生用通大便、解疮毒，熟制补肝肾、益精血，主治体虚眩晕、须发早白及老年性冠心病；茎入药，主治失眠多梦，外用止痒。

134 扁蓄

学名 ***Polygonum aviculare*** Linn. 属名 蓼属

形态特征 一年生无毛草本，高 10~40cm。茎自基部分枝、匍匐或斜上升，具沟纹。叶长圆状倒披针形、条状披针形或条形，1~4cm × 0.2~1.2cm，先端钝或急尖，基部楔形；托叶鞘顶端数裂，有明显脉纹。花单生或数朵簇生于叶腋；花被绿色，具白色或粉色边缘。瘦果卵状三棱形，具线纹状细点，稍伸出于宿存花被外。花果期 4~11 月。

生境与分布 见于全市各地；生于溪边、荒田杂草丛中及石坎下。产于全省各地；分布于全国各地；北温带广泛分布。

主要用途 全草入药，有利尿、消炎、止泻、驱虫的功效；也可作农药。

135 火炭母草 赤地利

学名 ***Polygonum chinense*** Linn. 属名 蓼属

形态特征 多年生草本，高 30~80cm。茎基部匍匐。叶互生；叶三角状卵形或卵状长圆形，变异大，2.5~8cm × 1~5cm，先端急尖或渐尖，基部截形或宽楔形，有短缘毛或极微小的齿；叶柄基部常有早落性 2 耳；托叶鞘斜截形。头状花序有柄，2~4 分枝排列成伞房状或圆锥状；总花梗密被粗腺毛；花被乳白色。瘦果卵状三棱形，包藏在宿存花被内。花果期 8~10 月。

生境与分布 见于镇海、北仑、鄞州、奉化、宁海、象山；生于溪谷两岸石缝中、水沟边及山坡路边灌丛中。产于丽水、温州及普陀；分布于华东、华中、华南、西南；日本、印度、菲律宾、印度尼西亚也有。

附种 **红龙腺梗小头蓼 *P. microcephalum*** 'Red Dragon'，植株通常深红色。慈溪、北仑、奉化、宁海、象山及市区有栽培。

红龙腺梗小头蓼

136 蓼子草

学名 ***Polygonum criopolitanum*** Hance　　属名 蓼属

形态特征　一年生细弱草本，高 10~20cm。茎基部匍匐，被长毛，上部杂有腺毛。叶狭披针形，1~3.5cm × 0.3~1cm，先端渐尖，基部楔形，下面脉上有长缘毛，有时杂有腺毛并有白色小点，边缘具腺毛；托叶鞘筒状，被伏毛及长缘毛。顶生头状花序，径可达 2cm；花梗密生腺毛；花淡紫色。瘦果双凸镜状。花果期 10~11 月。

生境与分布　见于余姚、北仑、鄞州、奉化、宁海、象山；生于稻田边、溪边及较潮湿的荒地草丛中。产于全省各地；分布于华东、华中及陕西、广东、广西。

137 稀花蓼

学名 ***Polygonum dissitiflorum*** Hemsl.　　属名 蓼属

形态特征　一年生草本，高可达1m。茎上部有分枝，具棱，有时疏生倒刺。叶、叶柄、花梗疏生刺毛。叶卵状椭圆形或戟形，4~15cm×2.5~7cm，先端长渐尖或尾尖，基部截状心形或箭形，两侧常具短而宽的耳状物，边缘有缘毛，上面疏生星状毛，下面沿脉毛较密；托叶鞘斜舌状。圆锥花序顶生或腋生，疏散分枝，花稀疏，间断；花梗密被腺毛；花被红色。瘦果圆球形，微具3棱。花期5~9月，果期10月。

生境与分布　见于余姚、鄞州、奉化、宁海、象山；生于沟旁、溪边草丛中及山坡林下阴湿处。产于杭州、衢州及安吉、德清、天台、庆元；分布于东北、华北、华东、华中、西南及陕西、甘肃；东北亚也有。

138 戟叶箭蓼 长箭叶蓼

学名 ***Polygonum hastato-sagittatum*** Makino　属名 蓼属

形态特征　一年生蔓性草本，高 35~90cm。叶椭圆形或披针形，2~10cm × 1~4cm，先端急尖或短渐尖，基部截形、浅心形或箭形，有时具狭窄裂片，下面沿主脉常具小刺；托叶鞘筒状，顶端截形，有细缘毛。穗状花序长圆形或球形，通常 2 歧；总花梗密被有梗腺毛及细毛；花被粉红色。瘦果卵状三棱形，常压扁。花果期 8~10 月。

生境与分布　见于慈溪、余姚、北仑、鄞州、奉化、宁海、象山；生于溪沟边、沼泽湿地或林下阴湿处。产于杭州及诸暨、义乌、天台、临海、龙泉、缙云、瑞安、平阳；分布于华东、华中、西南及陕西、甘肃、广东、广西。

139 水蓼 辣蓼

学名 ***Polygonum hydropiper*** Linn. 属名 蓼属

形态特征 一年生草本，高 20~80cm。茎节部膨大。叶有辛辣味，披针形或长圆状披针形，3~8cm × 0.5~2.5cm，先端渐尖或稍钝，基部楔形，两面密被腺点，沿中脉及叶缘上有小糙伏毛；托叶鞘筒状，顶端有长缘毛。穗状花序常下垂，花簇稍稀疏间断，基部常有1~2花包藏在托叶鞘内；花白色略带红晕。瘦果卵形，双凸镜状，稀三棱形。花果期 5~11 月。

生境与分布 见于全市各地；生于土壤较贫瘠的山谷溪边、沟边及湿地中，常成丛生长。分布于全省各地；我国各地广泛分布；朝鲜半岛、日本、印度尼西亚、印度及欧洲、北美洲也有。

主要用途 全草入药，有止痢解毒、祛风除湿及杀虫的功效，主治痢疾、肠炎、风湿痹痛、跌打损伤、疮肿及毒蛇咬伤等。

蚕茧蓼 蚕茧草

学名 ***Polygonum japonicum*** Meisn. 属名 蓼属

形态特征 多年生草本，高 50~100cm。茎有时疏被伏毛，多分枝，节常膨大。叶坚硬，披针形，6~15cm × 1~2.5cm，先端渐尖，基部楔形，两面密生糙伏毛及细小腺点，有时仅边缘及沿脉被伏刺毛；托叶鞘筒状，长 1~2.5cm，外面被硬伏毛，顶端有长缘毛。穗状花序顶生，常 2~3 条并出，再数个聚成圆锥状；花被白色偶带淡红色。瘦果圆卵形，双凸镜状。花果期 8~11 月。

生境与分布 见于余姚、北仑、宁海、象山；生于塘边、沟边、沼泽湿地或路旁草丛中。产于全省各地；分布于华东、华中、华南、西南；朝鲜半岛、日本也有。

主要用途 鲜茎叶可作农药，用于防止豆蚜、军配虫及红蜘蛛。

141 显花蓼

学名 ***Polygonum japonicum*** Meisn. var. ***conspicuum*** Nakai 属名 蓼属

形态特征 多年生具根茎草本，高 50~100cm。茎单一少分枝。叶披针形或长圆状披针形，2.5~10cm × 1~2.5cm，先端渐尖，基部宽楔形，两面均有糙伏毛，下面常有腺点；托叶鞘筒状，长 1~1.5cm，具粗伏毛，顶端有与筒等长或稍短的缘毛。穗状花序常单出；花被淡红色。瘦果三棱形。花果期 9~10 月。

生境与分布 见于余姚、北仑、鄞州、宁海、象山；常生于沼泽水沟边。产于杭州及安吉、天台、常山；分布于华东；日本也有。

愉悦蓼

学名 ***Polygonum jucundum*** Meisn.　　属名 蓼属

形态特征　一年生草本，高 50~100cm。茎有时基部分枝呈丛生状。叶椭圆状披针形，3~10cm × 1~2.5cm，先端渐尖，基部楔形，中脉及叶缘常生细伏毛；托叶鞘筒状，疏被伏毛，顶端具长缘毛。穗状花序顶生，花排列紧密；花被粉红色。瘦果三棱形。花果期 9~11 月。

生境与分布　见于慈溪、余姚、北仑、鄞州、奉化、宁海、象山；生于沟边、湿地草丛中。产于杭州及普陀、临海、仙居；分布于华东、华中、华南、西南。

143 酸模叶蓼 旱苗蓼

学名 ***Polygonum lapathifolium*** Linn.　　属名 蓼属

形态特征 一年生直立草本，高 20~120cm。茎表面常有红紫色斑点，节部膨大。叶披针形至长圆状椭圆形，3~15cm × 0.5~4.5cm，先端急尖或渐尖，基部楔形，上面疏被短伏毛并有暗斑，下面有腺点，边缘及中脉常具伏贴硬糙毛；托叶鞘筒状，长 0.7~1.5cm，被硬伏毛，顶端截形。穗状花序密花，圆柱形，常分枝；花被粉红色或绿白色。瘦果两面凹，圆卵形。花果期 4~11 月。

生境与分布 见于全市各地；生于荒田、水田、沟边或沼泽及浅水中。产于全省各地；我国各省广泛分布；欧洲、东亚其他国家及菲律宾、印度、巴基斯坦也有。

主要用途 鲜茎叶外敷，可治疮肿、蛇伤，也可作土农药用。

附种 **绵毛酸模叶蓼** var. ***salicifolium***，茎、总花梗及叶下面被白色绵毛。见于全市各地；生于沟边、湿田或山坡荒地中。

绵毛酸模叶蓼

长戟叶蓼

学名 ***Polygonum maackianum*** Regel　属名 蓼属

形态特征　一年生蔓性草本，高 60~80cm。全株被星状毛；茎具 4 棱，与叶柄均具倒生小刺。叶披针形戟形，3 浅裂，2.5~8cm × 2~4cm，先端渐尖而钝，基部戟形或箭形，侧裂片三角形或披针形，边缘及下面脉上具刺毛；托叶鞘上端有叶状翅，边缘呈牙齿状浅裂，裂片顶端具刚毛。花序头状；花被粉红色。瘦果卵状三棱形。花果期 9~10 月。

生境与分布　见于慈溪、余姚、北仑、鄞州、奉化、宁海、象山；生于湿地及水沟边。产于杭州；分布于华东及湖北、四川、云南、河北、吉林、辽宁；朝鲜半岛、日本也有。

145 长花蓼

学名 ***Polygonum macranthum*** Meisn.　　属名 蓼属

形态特征　多年生草本，高可达 1m。茎圆柱形，节部膨大，具匍枝。叶披针形或长圆状披针形，5~15cm × 0.5~2cm，端渐尖，基部狭窄，两面有糙伏毛；托叶鞘筒状，长 1~2cm，被伏毛，顶端有近等长缘毛。穗状花序顶生；花被白色，偶带淡红色，具腺点。瘦果三棱形，包藏在宿存花被内。花果期 9~11 月。

生境与分布　见于慈溪、北仑、鄞州、象山；生于湿润地中及水沟边。产于杭州及天台；分布于华东、西南及湖北、广西。

146 小花蓼

学名 ***Polygonum muricatum*** Meisn.　　属名 蓼属

形态特征　一年生蔓性草本，高 100cm。茎、叶柄、叶下面中脉疏生小钩刺。茎上部直立披散，多分枝，具沟纹。叶卵状椭圆形或卵形，2~8cm × 1~3.5cm，宽 1.3~3.5cm，先端急尖或短渐尖，基部截形或浅心形，边缘密生小刺毛；托叶鞘筒状，长 1~3cm，顶端截形有细短缘毛。圆锥花序分枝较多；总花梗密被腺毛和刚毛；花被紫红色。瘦果卵状三棱形或稍压扁。花果期 8~10 月。

生境与分布　见于慈溪、余姚、奉化、宁海、象山；生于沟边潮湿地。产于杭州及安吉、开化、常山、普陀、天台、龙泉、云和；分布于东北、华东、华中、华南、西南及陕西；朝鲜半岛、日本、印度、尼泊尔、泰国也有。

147 尼泊尔蓼 野荞麦草 头状蓼

学名 ***Polygonum nepalense*** Meisn.　属名 蓼属

形态特征　一年生草本，高 10~40cm。茎下部叶卵形或三角状卵形，1.5~5cm × 1~4cm，先端渐尖或急尖，基部截形或圆形，沿叶柄下延成翅状或耳垂形抱茎，边缘微波状，下面常生黄色腺点；托叶鞘斜截形，基部具刺毛，长 4~9mm。头状花序顶生或腋生，有叶状总苞，总苞基部及花梗均被腺毛；花被淡紫色或白色。瘦果圆卵形，双凸镜状。花果期 4~11 月。

生境与分布　见于全市各地；生于山坡草地、沟边湿地。产于全省各地；除新疆外，全国均有分布；东亚其他国家、东南亚、南亚及非洲也有。

主要用途　全草入药，可治肠炎及关节炎；可作饲料。

148 荭草 荭蓼

学名 ***Polygonum orientale*** Linn. 属名 蓼属

形态特征 一年生高大草本，高1~2m。茎密被长软毛。叶多为宽椭圆形，7~20cm×3~13cm，先端渐尖，基部圆形或浅心形，微下延，具缘毛，两面密被柔毛；叶柄基部扩展；托叶鞘筒状，长1.5~2cm，密被长柔毛，具长缘毛，顶端常具草质绿色的翅。穗状花序粗壮，顶生或腋生，稍下垂，通常数个聚成圆锥状；花被粉红色。瘦果呈扁圆形。花期6~7月，果期7~9月。

生境与分布 见于余姚、北仑、鄞州、奉化、宁海、象山；生于村旁宅边、山坡溪边或荒田湿地上。产于全省各地；除西藏外，全国各地广泛分布；菲律宾、印度及东北亚、欧洲、大洋洲也有。

主要用途 全草入药，有小毒，祛风利湿，主治风湿痹痛；果有软坚、消肿、止痛的功效，治腹胀、胃痛等；茎叶可作土农药。

149 杠板归 刺犁头

学名 ***Polygonum perfoliatum*** Linn. 属名 蓼属

形态特征 多年生无毛蔓性草本，长可达 2m。茎、叶柄及叶下面脉上常具倒生皮刺。茎具 4 棱，多分枝，棱上生倒钩刺，基部木质化。叶三角形，2~6.5cm × 2~8cm，先端急尖或钝圆，基部截形或微心形；叶柄盾状着生；托叶鞘穿茎，绿色叶状，近圆形。穗状花序常包藏于托叶鞘内；花被白色或粉红色，果时增大呈肉质，深蓝色。瘦果圆球形。花果期 6~11 月。

生境与分布 见于全市各地；生于田野路边、沟边及灌草丛中。产于全省各地；分布于全国各地；东北亚也有。

主要用途 全草入药，能清热解毒、止咳化痰、利湿消肿及止痒，可治百日咳、肾炎水肿、带状疱疹、肠炎及毒蛇咬伤等。

150 春蓼

学名 ***Polygonum persicaria*** Linn. 属名 蓼属

形态特征 一年生草本，高 20~80cm。茎通常被伏毛。叶披针形或椭圆形，3.5~14cm × 1~2.5cm，先端长渐尖，基部楔形，两面常被伏毛，边缘及主脉密生硬刺毛，上面有三角形墨斑，边缘具粗缘毛；托叶鞘筒状，疏生柔毛，顶端截形，具细短缘毛。穗状花序密花，圆锥形；总花梗有时具腺毛或伏毛；花被粉红色或白色。瘦果宽卵形或近圆形，常双凸镜状。花果期 5~10 月。

生境与分布 见于慈溪、余姚、北仑、鄞州、奉化、宁海、象山；生于沟边、林缘及路旁湿地上。产于杭州、金华、温州及天台、龙泉；分布于东北、华北、华中及广西、四川、贵州；欧洲、非洲及北美洲也有。

151 习见蓼

学名 ***Polygonum plebeium*** R. Br. 属名 蓼属

形态特征 一年生无毛草本，高 10~40cm。茎自基部分枝、匍匐或斜上升，具沟纹。叶条状长圆形、倒卵状披针形或匙形，0.5~2cm × 0.1~0.4cm，先端钝，基部渐狭；托叶鞘膜质，顶端数裂。花 3~6 朵簇生于叶腋；花被绿色，边缘白色或淡红色。瘦果卵状三棱形，全部包藏于宿存花被内。花果期5~6月。

生境与分布 见于余姚、象山；生于向阳山坡、路旁及沙地河岸边。产于永康、龙泉、景宁、泰顺；分布于华东及广东、云南、西藏、河北、陕西；亚洲热带、亚热带及欧洲亚热带地区也有。

从枝蓼

学名 ***Polygonum posumbu*** Buch.-Ham. ex D. Don 属名 蓼属

形态特征 一年生草本，高 30~70cm。茎细弱，基部常伏卧。叶卵形或卵状披针形，2~10cm × 1~3cm，先端尾尖，基部楔形至圆形，下面中脉稍突出，边缘具缘毛；托叶鞘筒状，长 3~8mm，顶端截形，常具较筒长的长缘毛。穗状花序常细弱，单生或分枝，花簇常间断，下部尤甚；花被淡红色。瘦果卵状三棱形。花果期 8~11 月。

生境与分布 见于全市各地；生于较阴湿的林下草丛中、溪沟边及林缘。产于全省各地；分布于东北、华东、华中、华南、西南及陕西、甘肃；朝鲜半岛、日本、菲律宾、印度尼西亚、印度也有。

附种 **长鬃蓼**（马蓼）***P. longisetum***，叶披针形至条形；穗状花序粗壮，仅在下部有间断。见于慈溪、余姚、北仑、鄞州、奉化、宁海、象山；生于溪沟边、田间湿地及山坡林缘。

长鬃蓼 马蓼

153 无辣蓼 伏毛蓼

学名 ***Polygonum pubescens*** Bl. 属名 蓼属

形态特征 一年生草本，高 50~80cm。茎具伏毛，节部膨大。叶披针形或长圆状披针形，3~10cm × 1~2.5cm，先端急尖或渐尖，基部楔形，两面具短伏毛，下面中脉具较长的毛，具不明显的腺点，上面中央常有一“八”字形墨斑，边缘具缘毛；托叶鞘筒状，顶端具长缘毛。穗状花序疏花，常下垂；花被红色。瘦果卵状三角形。花果期 7~11 月。

生境与分布 见于慈溪、余姚、北仑、鄞州、奉化、宁海、象山；常生于湿地、沟边或浅水中。产于全省各地；分布于华东、华中、华南、西南及辽宁、陕西、甘肃；朝鲜半岛、日本、印度尼西亚、印度也有。

154 刺蓼 廊茵

学名 ***Polygonum senticosum*** (Meisn.) Franch. et Savat. 属名 蓼属

形态特征 多年生蔓性草本，长1~2m。茎、枝、叶柄、叶下面中脉及花总梗均有倒生小皮刺。茎细长，有分枝，具4棱及小腺体。叶三角形或三角状戟形，3~8cm × 2~7cm，先端渐尖，基部戟形或近心形，两侧裂片短而宽，两面被柔毛，偶有糙毛；托叶鞘下部筒状，上部扩大成肾形叶状翅，具短缘毛。头状花序顶生或腋生，总花梗密被有柄腺毛及细软毛；花被粉红色。瘦果近圆球形，宿存花被干膜质。花果期7~10月。

生境与分布 见于全市各地；生于沟边、路旁草丛及山谷灌丛中。产于全省各地；分布于东北、华中、华东、华南、西南；日本、朝鲜半岛也有。

主要用途 全草入药，能解毒消肿、止痒，主治湿疹痒痛、痔疮及蛇伤等。

155 箭叶蓼 雀翘

学名 ***Polygonum sieboldii*** Meisn. 属名 蓼属

形态特征 一年生蔓性草本，长可达 1m。茎常有分枝，具 4 棱，棱上密具倒生钩刺。叶长卵状披针形，2.5~9cm × 1~3cm，先端急尖或稍钝，基部深心形或箭形，两侧裂片卵状三角形，下面稍带粉白色，沿中脉具倒皮刺；下部的叶柄具 1~4 列倒生钩刺；托叶鞘顶端渐尖，2 裂。头状花序顶生，常 2 歧；花被白色或粉红色。瘦果球状三棱形。花果期 6~11 月。

生境与分布 见于全市各地；生于湿地或水沟旁。产于杭州、丽水及安吉、开化、天台；分布于东北、华北、华中、西南及陕西、甘肃；东北亚也有。

156 中华蓼

学名 ***Polygonum sinicum*** (Migo) Y. Y. Fang et C. Z. Zheng　属名 蓼属

形态特征 一年生蔓性草本，长 60~150cm。茎有细棱，与叶柄、花梗均被倒生小钩刺。叶卵状三角形，3.5~8cm × 1.5~5.5cm，先端渐尖或长渐尖，基部戟状箭形，两侧具明显卵形裂片，边缘有小刺毛；托叶鞘膜质，筒状，顶端戟形，有长缘毛。花 2~4 朵集成头状，再分枝成疏散的圆锥花序；花蕾顶端钝圆；花被红色。瘦果近圆球形，包藏于宿存花被内。

生境与分布 见于余姚、鄞州、奉化、宁海、象山；生于林下阴湿处或沟边。产于杭州及常山、天台；分布于华东。

157 支柱蓼 紫参 支持蓼

学名 ***Polygonum suffultum*** Maxim.　　属名 蓼属

形态特征 多年生草本，高 15~40cm。根茎肥厚，紫褐色，通常呈念珠状。茎常 3~4 枝簇生。基生叶具长达 20cm 长柄，叶宽卵形或卵形，5~12cm × 3~8.5cm，先端渐尖或急尖，基部心形下面沿叶脉和边缘有乳头状凸起；茎生叶卵形；上部叶抱茎；托叶鞘长筒状。穗状花序圆柱形，顶生或腋生；花被白色。瘦果卵状三棱形，超出花被外。花期 4~5 月，果期 5~9 月。

生境与分布 见于余姚；生于山坡林下、阴湿处及山谷溪沟旁。产于临安、淳安；分布于华中、西南、西北及河北、安徽；日本、朝鲜半岛也有。

主要用途 根茎入药，能散血行气、止痛化瘀，主治跌打损伤及关节炎等。

158 细叶蓼

学名 ***Polygonum taquetii*** Lévl. 属名 蓼属

形态特征 一年生草本，高 20~70cm。茎纤细。叶披针形至宽条形，2~6cm × 0.3~1cm，先端急尖，基部楔形，下面脉上具伏毛并有粒状点，边缘有小缘毛；托叶鞘筒状，具伏毛，顶端截形，有长缘毛。穗状花序线形，下部分枝呈圆锥状，花簇常间断；花被淡绿微带红色。瘦果卵状三棱形。花果期 7~11 月。

生境与分布 见于北仑；生于溪边、路旁及湿地中。产于杭州及龙泉、泰顺、苍南；分布于华东、华中及广东；朝鲜半岛、日本也有。

159 戟叶蓼 沟荞麦

学名 ***Polygonum thunbergii*** Sieb. et Zucc. 属名 蓼属

形态特征 一年生蔓性草本，高 30~80cm。茎具 4 棱，沿棱被倒生小钩刺。叶三角状戟形，常 3 浅裂，3~7.5cm × 2.5~6cm，先端渐尖，基部截形或戟形，中央裂片卵形，两侧常具宽而短的裂片，凹口成圆形，两面密生糙毛，上面有墨斑；叶柄具倒生皮刺，通常具狭翅；托叶鞘斜圆筒形，顶端有短缘毛，常有一圈向外反卷的绿色叶状边缘。花序头状再集成聚伞状；总花梗、苞片被刺毛；花被白色或淡红色。瘦果卵状三角形。花果期 8~10 月。

生境与分布 见于全市各地；生于溪沟边、路边、湿地草丛中。产于杭州、绍兴及德清、天台、临海；分布于东北、华北、华东、华中、华南、西南；东北亚也有。

160 粘液蓼

学名 ***Polygonum viscoferum*** Makino 属名 蓼属

形态特征 一年生直立草本，高 60~80cm。茎上部被长粗毛，在上部节间及总花梗上能分泌黏液。叶披针形或狭披针形，3~10cm × 0.5~2cm，先端渐尖，基部圆形，两面疏生糙硬毛，沿叶缘及中脉具短刚毛；托叶鞘筒状，密被长伏毛，顶端截形，具长缘毛。穗状花序细瘦，顶生或腋生，着花较密，下部间断；花被淡红色或白色。瘦果三棱形。花果期 8~10 月。

生境与分布 见于余姚、象山；生于向阳的荒山草丛中、林下沟边或路边草丛中。产于临安、淳安、临海、黄岩、缙云；分布于东北、华东、华中及河北、四川、贵州；东北亚也有。

161 香蓼 粘毛蓼

学名 ***Polygonum viscosum*** Hamilt. ex D. Don　属名 蓼属

形态特征　一年生有香气草本，高 50~90cm。茎、分枝、总花梗、叶及苞片均具开展长柔毛及有柄的腺毛。茎高 20~80cm，有黏性。叶卵状披针形或椭圆状披针形，3~10cm × 1~3cm，先端急尖或渐尖，基部渐狭下延呈带翼的叶柄，两面有墨斑，边缘密生短缘毛；托叶鞘筒状，顶端截形具长缘毛。花序穗状，顶生或腋生；花被鲜红色。瘦果卵状三角形或压扁。花果期 5~9 月。

生境与分布　见于全市各地；生于荒地或沟边潮湿处。产于全省各地；分布于东北、华东、华中、华南、西南及陕西；东北亚及印度也有。

162 虎杖

学名 ***Reynoutria japonica*** Houtt.　　属名 虎杖属

形态特征　多年生无毛草本或呈半灌木状，高1~2m。地下有横走木质的根状茎；茎粗壮，丛生，具小凸起，常散生红色或带紫色的斑点，节间中空。叶具小凸起，叶宽卵形或近圆形，4~12cm×3~9cm，先端渐尖，基部圆形、截形或宽楔形，下面有褐色腺点；托叶鞘圆筒形。圆锥花序；花被白色或淡绿色。瘦果卵状三棱形，全部藏于翼状扩大的花被内。花果期7~10月。

生境与分布　见于全市各地；生于山谷溪边、河岸、沟旁及路边草丛中。产于全省各地；分布于华北、华东、华中、华南、西南；朝鲜半岛、日本也有。

主要用途　根状茎入药，有活血散瘀、祛风利湿、清热解毒、收敛止血的功效，主治跌打损伤、关节炎、腰肌劳损等，外用治火烫伤；全草可作土农药；嫩茎及叶可食用。

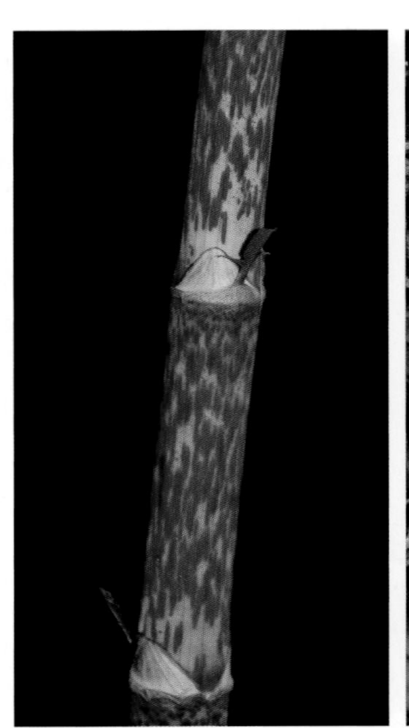

酸模

学名 ***Rumex acetosa*** Linn. 属名 酸模属

形态特征 多年生有酸味草本，高 40~100cm。茎通常不分枝，具线纹。基生叶箭形，4~12cm × 2~4cm，先端钝或急尖，基部箭形，下面及边缘常具乳头状凸起；茎生叶向上渐小，披针形，具短柄或抱茎；托叶鞘膜质。花单性异株；顶生圆锥花序；雄花红色。瘦果椭圆形。花期 3~5 月，果期 4~7 月。

生境与分布 见于全市各地；生于山坡林缘、田边路旁、湿性砂土中。产于全省各地；分布于南北各省区；东北亚、美洲及哈萨克斯坦也有。

主要用途 全草供药用，有凉血、解毒的功效，外敷可治疥癣，内服解热、利大小便；根可提制栲胶；嫩茎、叶可作蔬菜及饲料。

164 小酸模

学名 ***Rumex acetosella*** Linn. 属名 酸模属

形态特征 多年生草本，高 25~50cm。根状茎横走，木质化。茎细弱，多簇生，具沟纹。基生叶披针形或长圆形，3~6cm × 1~2cm，先端急尖或钝，基部戟形或楔形，两侧通常有外展或向上弯的耳状裂片；叶柄长 2~5cm；茎生叶稍小，近无柄；托叶鞘膜质，长 0.5~1cm。花单性，雌雄异株；2~7 朵簇生于膜质苞片内，排成顶生圆锥花序，与茎上部常呈红色；雌花内花被片果时不增大或稍增大，卵形。瘦果宽椭圆形，具 3 棱。花果期 5~8 月。

生境与分布 见于象山；生于路旁草丛中。产于杭州、金华；分布于华东、华中、华北及东北；广布于北半球温暖地区。

165 齿果酸模

学名 ***Rumex dentatus*** Linn. 属名 酸模属

形态特征 一年生无毛草本，高 30~100cm。茎具沟纹。基生叶狭长圆形或宽披针形，4~16cm × 1.5~6cm，先端钝或急尖，基部圆形或截形，边缘浅波状；茎生叶渐小，基部圆形。花两性，黄绿色，疏轮状排列成圆锥花序，花轮夹有叶，顶生或腋生。瘦果卵形。花期 5~6 月，果期 6~10 月。

生境与分布 见于全市各地；生于沟旁及路旁湿润处。产于全省各地；分布于华北、西北、华东、华中、西南；尼泊尔、印度、阿富汗、哈萨克斯坦也有。

主要用途 根、叶可入药，有清热解毒、杀虫除癣的功效；也可作农药。

166 羊蹄

学名 ***Rumex japonicus*** Houtt.　　属名 酸模属

形态特征　多年生无毛草本，高 35~120cm。主根粗大，黄色。茎具沟纹，常不分枝。基生叶具长柄，长椭圆形，8~34cm × 3~12cm，先端急尖，基部心形，边缘波状；茎生叶尾部较小而狭，基部楔形；托叶鞘筒状，长 3~5cm。花两性，圆锥花序密集狭长，下部花轮夹有叶；花被片淡绿色。瘦果宽卵形，锐 3 棱。花果期 4~6 月。

生境与分布　见于全市各地；生于林缘、沟边、溪边及路旁湿地。产于全省各地；分布于东北、华北、华东、华中、华南及四川、贵州、陕西；东北亚也有。

主要用途　根入药，能凉血、止血、解毒、通便；还可杀虫；但根、茎、叶均有小毒，不宜大量服用。

167 钝叶酸模 金不换

学名 ***Rumex obtusifolius*** Linn.　属名 酸模属

形态特征　多年生草本，高 80~100cm。主根黄色，肥大。茎有沟槽。基生叶卵形或卵状椭圆形，15~30cm × 6~20cm，先端圆钝，基部心形；茎生叶卵状披针形，较小，叶柄较短。圆锥花序顶生，花多数，呈轮生，每轮夹生叶；花梗细弱，中部以下具关节；花两性，偶有与雌花杂性同株。瘦果卵状锐三角形。花期 5~6 月，果期 7 月。

生境与分布　归化植物。余姚、宁海、象山有逸生；喜较阴湿的砂质土壤。产于杭州及德清、天台；分布于华东、华中及河北、甘肃、陕西、四川；欧洲、非洲及日本也有。

主要用途　根入药，有清热解毒、止血祛痰的功效。

168 长刺酸模

学名 ***Rumex trisetifer*** Stokes　　属名 酸模属

形态特征　一年生或二年生草本，高 30~50cm。茎具沟纹，上部分枝多。基生叶披针形或狭长圆形，7~20cm × 1~5cm，先端稍钝，基部楔形，全缘；托叶鞘膜质，筒状，长 1.5~2cm，易破裂；茎生叶互生。花黄绿色，组成下部间隔、上部密集、具叶的圆锥花序；花被内轮 3 裂片果时增大，背部有边缘具 1 对长刺针的瘤状凸起。瘦果椭圆形，锐 3 棱。花果期 5~7 月。

生境与分布　见于慈溪、余姚、奉化、象山；生于水沟边及路旁阴湿地。产于杭州；分布于江苏、福建、台湾。

藜科 Chenopodiaceae*

169 莙荙菜 牛皮菜 厚皮菜

学名 *Beta vulgaris* Linn.var. *cicla* Linn. 属名 甜菜属

形态特征 二年生草本，高达1m以上。根有分枝。茎具条棱。基生叶长圆形或卵圆形，20~40cm×10~15cm，先端钝，基部楔形、截形或略呈心形，全缘或波状卷曲，上面皱缩不平，下面叶脉粗壮而隆起，具长叶柄；茎生叶卵形至矩圆形。花2~3朵集成球形、腋生花簇，于枝上部再排成穗状或圆锥状花序。花期5~6月，果期7月。

地理分布 原产于欧洲。全市各地有栽培。

主要用途 叶可作蔬菜和饲料；植株呈鲜红色或紫红色的称为“红牛皮菜”，常用于花坛、路边栽植观赏。

红牛皮菜

* 本科宁波有8属15种1亚种2变种1变型，其中栽培1种1变种1变型，归化1种；本图鉴收录7属14种1亚种2变种1变型。

170 尖头叶藜 绿珠藜

学名 ***Chenopodium acuminatum*** Willd. 属名 藜属

形态特征 一年生草本，高 30~80cm。茎具明显纵棱及绿色条纹。叶宽卵形至卵形，茎上部叶通常卵状披针形，2~5cm × 1~3cm，先端圆钝、急尖或短渐尖，有短尖头，基部宽楔形、圆形至近截形，全缘，边缘半透明，下面常疏被白粉。花两性，花簇在枝上部排成穗状或圆锥状花序；花被果时增厚并彼此合生成五星状，边缘膜质。胞果扁球形，包于花被内。花果期 6~9 月。

生境与分布 仅见于象山渔山列岛；生于海边路旁草丛内或岩缝中。分布于东北、华北、西北及河南、山东；东北亚也有。

主要用途 嫩叶可作蔬菜。

附种 **狭叶尖头叶藜** ssp. ***virgatum***，叶狭卵形、长圆形至披针形，长 0.8~3cm，基部楔形。见于慈溪、奉化、象山；生于沙滩、河滩沙碱地。

狭叶尖头叶藜

171 藜 灰菜

学名 ***Chenopodium album*** Linn. 属名 藜属

形态特征 一年生草本，高 0.5~1.5m。叶三角状卵形或菱状卵形，上部的叶常呈披针形，3~7cm × 1.5~5cm，先端急尖或微钝，基部楔形至宽楔形，边缘具不整齐锯齿或全缘，两面被白色粉粒；叶柄与叶近等长。花两性，黄绿色；花簇排列成密集或间断而松散的圆锥花序。胞果全部包于宿存花被内。种子双凸镜状。花期 6~9 月，果期 8~10 月。

生境与分布 见于全市各地；生于荒地、低山坡林缘、田间、路边。产于全省各地；分布于全国各地；世界广布种。

主要用途 嫩茎叶可作饲料，也可作蔬菜；全草可入药，有止泻、杀虫止痒的功效；有毒，进食大量或长期服用后，在强烈阳光照射下，易患日光性皮炎。

附种 **红心藜** var. ***centrorubrum***，枝顶幼叶密被红色粉粒，成长后渐变绿色。见于慈溪、余姚、奉化、象山；生境同原种。

红心藜

172 小藜

学名 ***Chenopodium ficifolium*** Smith 属名 藜属

形态特征 一年生草本，高 20~50cm。叶较薄，卵状长圆形，1.5~5cm × 0.5~3.5cm；下部叶常 3 浅裂，中裂片较长，边缘具深波状锯齿，侧裂片位于中部以下，常具 2 浅裂齿；上部叶渐小；两面疏生粉粒。花两性；花簇排列为穗状或圆锥状花序，顶生或腋生。胞果包于花被内，果皮与种皮贴生。种子双凸镜状，表面具蜂窝状网纹。花期 6~8 月，果期 8~9 月。

生境与分布 见于全市各地；生于田间、荒地、河岸、沟谷及路旁。产于全省各地；除西藏外，全国各地均有分布；欧洲、俄罗斯、日本也有。

主要用途 嫩茎叶可作饲料；全草可入药，有除湿、解毒的功效，主治疮疡、皮炎瘙痒。

173 灰绿藜

学名 ***Chenopodium glaucum*** Linn.　　属名 藜属

形态特征　一年生草本，高 10~40cm。茎具条棱和紫红色或绿色条纹。叶长圆状卵形至卵状披针形，2~4cm × 0.5~2cm，肥厚，先端急尖或钝，基部渐狭，边缘具缺刻状牙齿，下面密被粉粒而呈灰白色。花两性或兼有雄性；花簇腋生，短穗状或顶生有间断的穗状花序；花被浅绿色，稍肥厚。胞果伸出花被片，果皮薄膜质，黄白色。种子扁球形。花期 6~9 月，果期 8~10 月。

生境与分布　见于慈溪、余姚、镇海、北仑、鄞州、奉化、宁海、象山；生于盐碱地、江河边或田边。产于省内北部沿海及岛屿；分布于东北、华北、西北、华中及山东、江苏、四川、西藏；温带地区也有。

主要用途　茎叶可提取皂素；也可作饲料。

174 细穗藜

学名 ***Chenopodium gracilispicum*** Kung 属名 藜属

形态特征 一年生草本，高 40~70cm。茎圆柱形，具条棱及绿色条纹，上部有稀疏的细瘦分枝。叶菱状卵形至卵形，3~5cm × 2~4cm，先端急尖或短渐尖，基部宽楔形，全缘或近基部的两侧各具 1 钝浅裂片，下面密被粉粒，呈灰绿色；叶柄细瘦，长 0.5~2cm。花两性，黄绿色，通常 2~3 朵簇生，排列成穗状圆锥花序；花被 5 深裂。胞果不完全包于花被内，有粉粒。种子扁圆形，双凸镜状。花果期 6~10 月。

生境与分布 见于鄞州、奉化、象山；生于海拔 200m 左右的山坡、山沟岩石旁或毛竹林中。产于杭州及永康、衢江；分布于华东、华中、西北及广东、云南、山东；日本也有。

175 土荆芥 白马兰

学名 ***Dysphania ambrosioides*** (Linn.) Mosyakin et Clemants 属名 刺藜属

形态特征 一年生草本，高 50~100cm。全株有浓烈气味。叶长圆状披针形至披针形，3~15cm × 1~5cm，先端急尖或渐尖，基部渐狭，边缘具不整齐的大锯齿，上部叶较狭小而近全缘，下面散生黄褐色腺点，沿脉疏生柔毛。花两性或雌性，通常 3~5 朵簇生于苞腋，再组成穗状花序；花被片绿色。胞果扁球形，包于宿存花被内。种子红褐色。花果期 6~10 月。

生境与分布 归化植物。原产于热带美洲，现广布于世界热带及温带地区。全市各地有逸生；生于村旁、旷野及路边，多成片生长。

主要用途 全草入药，有祛风、除湿、驱虫的功效，主治肠道寄生虫病，外用治皮肤湿疹、脚癣，并能杀蛆驱蚊、蝇；果实含土荆芥油。

176 地肤

学名 ***Kochia scoparia*** (Linn.) Schrad. 属名 地肤属

形态特征 一年生草本，高 50~100cm。茎具细纵棱。叶披针形或条状披针形，2~7cm × 0.3~1cm，先端短渐尖，基部渐狭，常具 3 条明显的主脉，边缘疏生锈色绢状毛；茎上部叶具 1 脉。花两性或雌性，1~3 朵生于叶腋，排成穗状圆锥花序；花被片淡绿色，果时具膜质、三角形至倒卵形的翅状附属物。胞果扁球形，包于花被内。种子卵形。花期 7~9 月，果期 8~10 月。

生境与分布 见于全市各地；生于村旁、荒野及路边草丛中。产于全省各地，常有栽培；全国广布；亚洲其他国家、欧洲也有。

主要用途 果实称“地肤子”，为常用中药，主治尿痛、尿急及荨麻疹等；嫩茎叶可作蔬菜；种子含油量约 15%，供食用和工业用。

附种 **扫帚菜** form. ***trichophylla***，分枝繁密，植株呈紧密的卵形或倒卵形；叶较狭，狭条形。全市各地广泛栽培。

扫帚菜

177 盐角草 海蓬子

学名 ***Salicornia europaea*** Linn. **属名** 盐角草属

形态特征 一年生草本，高 10~40cm。茎有明显的节，肉质，苍绿色。叶退化成鳞片状，对生，长约 1.5mm，先端锐尖，基部连合成鞘状，边缘膜质。穗状花序顶生，有短梗；花腋生，3 朵成一簇，着生于节两侧的凹陷内；花被合生成口袋形，肉质，花后膨大，边缘扩张为翼状。胞果包于花被内，果皮膜质。种子长圆状卵形。晚秋全株变红。花果期 7~9 月。

生境与分布 仅见于慈溪；生于滨海围垦区低湿地重盐土上或盐田废弃后的棉花地中。产于岱山、普陀、玉环、温岭；分布于西北及河北、河南、辽宁、山东、江苏（北部）；东亚其他国家、中亚、南亚及欧洲、非洲、北美洲也有。

主要用途 潮湿环境的盐土指示植物。晚秋全株变红色，可用于滨海滩涂绿化；全草可作利尿剂，用于抗坏血病。

178 无翅猪毛菜

学名 ***Salsola komarovii*** Iljin　　属名 碱猪毛菜属

形态特征　一年生草本，高 20~50cm。茎黄绿色，有白色或紫红色条纹。叶线状圆柱形，2~5cm × 0.2~0.3cm，先端有短刺尖，基部扩展，稍下延，扩展处边缘膜质并有稀疏的刺状凸起。花序穗状，生于枝条的上部；花被片膜质，果时变硬，革质，通常无翅，仅在背面的中上部生篦齿状凸起。胞果倒卵形。花期 7~9 月，果期 8~10 月。

生境与分布　仅见于象山；生于滨海沙滩潮上带或沙丘风沙土上。产于平湖、岱山、普陀；分布于辽宁、河北、山东、江苏；东北亚也有。

主要用途　优良滨海固沙植物。

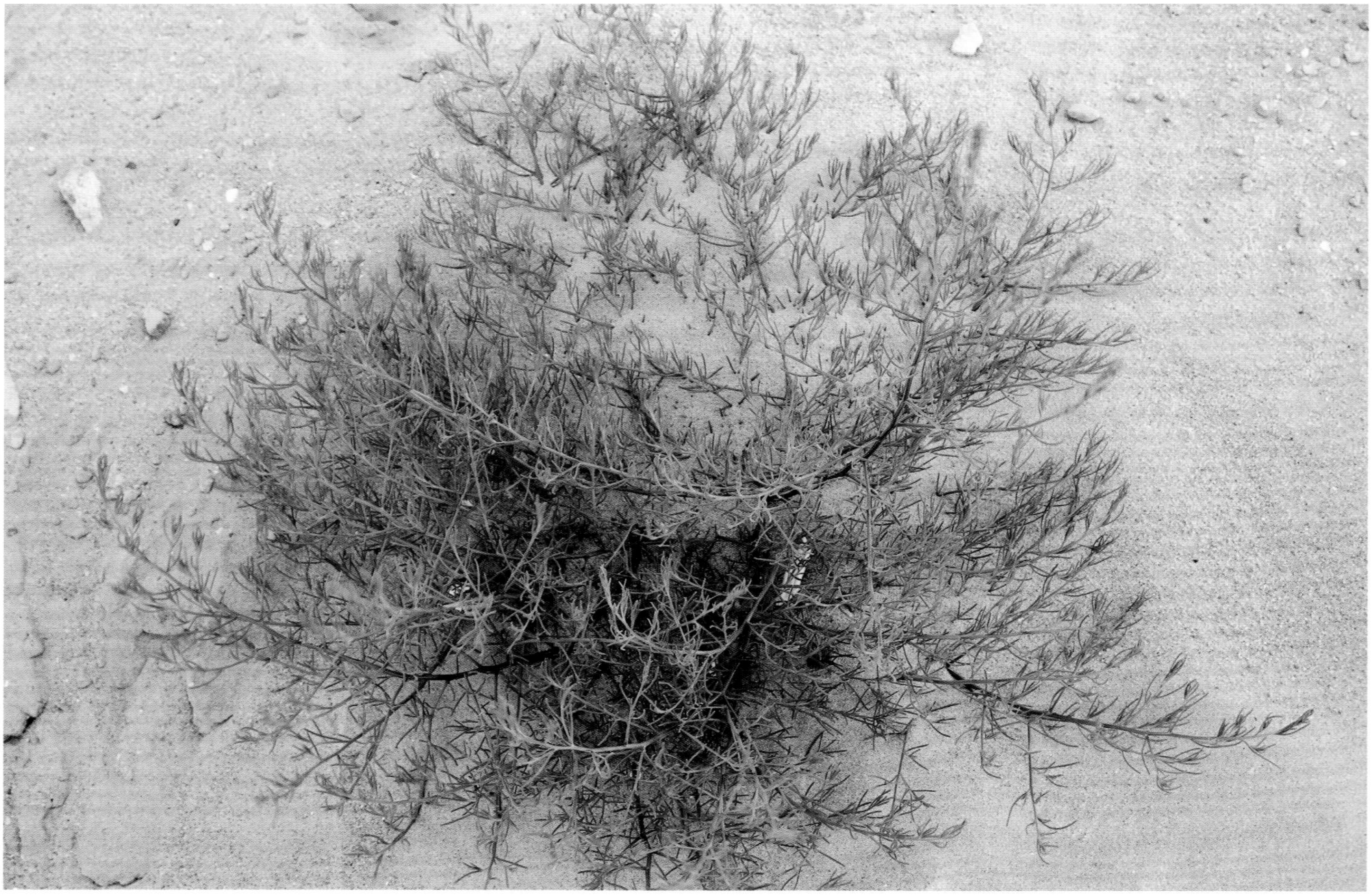

179 刺沙蓬 刺蓬

学名 ***Salsola tragus*** Linn. 属名 碱猪毛菜属

形态特征 一年生草本，高 30~100cm。茎有白色或紫红色条纹。叶半圆柱形或圆柱形，1.5~4cm × 0.1~0.15cm，先端有刺状尖，基部扩展，扩展处边缘膜质。花序穗状，生于枝条的上部；苞片长卵形，先端有刺状尖，基部边缘膜质；花被片果时变硬，背面有横生的干膜质或近革质的翅，其中 3 个较大，扇形。种子横生。花期 7~9 月，果期 9~10 月。

生境与分布 仅见于象山；生于滨海沙滩潮上带或沙丘风沙土上。产于普陀；分布于东北、华北、西北及西藏、山东、江苏；蒙古、俄罗斯也有。

主要用途 优良滨海固沙植物。

180 南方碱蓬

学名 ***Suaeda australis*** (R. Br.) Moq. 属名 碱蓬属

形态特征 小灌木，高 15~50cm。茎灰褐色至淡黄色，通常有明显的残留叶痕。叶线形至线状长圆形，半圆柱状，稍弯，肉质，1~3cm × 0.2~0.3cm，先端急尖或钝，基部渐狭，具关节，粉绿色或稍紫红色；枝上部的叶狭卵形至长椭圆形。花两性，花簇含 1~5 朵花，腋生；花被绿色或带紫红色，裂片卵状长圆形，果时增厚，有时上部呈兜状。胞果扁圆形。花果期 9 ~11 月。

生境与分布 见于全市各地；生于海滩沙地、盐田堤埂等处，常成片群生或与盐地碱蓬混生。产于定海、普陀；分布于华南及江苏、福建；澳大利亚、日本也有。

181 碱蓬 灰绿碱蓬

学名 ***Suaeda glauca*** (Bunge) Bunge　　属名 碱蓬属

形态特征　一年生草本，高 30~100cm。茎具细棱。叶丝状线形，半圆柱状，肉质，长 1.5~5cm，灰绿色，稍向上弯曲。花两性兼有雌性，单生或 2~5 朵簇生于叶腋的短柄上，通常与叶具共同的柄；两性花花被杯状，黄绿色；雌花花被近球形，较肥厚，灰绿色；花被裂片卵状三角形，果时增厚，呈五角星状。胞果扁球形，包在花被内，有时顶端露出。花果期 7~9 月。

生境与分布　见于全市各地；生于滨海的堤岸、荒地、盐田旁。产于省内东北部沿海地区；分布于东北、华北、西北及山东、河南、江苏；东亚其他国家及俄罗斯也有。

主要用途　寒温带至暖温带气候区的盐碱土指示植物。种子含油量约 25%，可榨油供工业用。

182 盐地碱蓬 翅碱蓬 盐蒿子

学名 ***Suaeda salsa*** (Linn.) Pall. 属名 碱蓬属

形态特征 一年生草本，高 20~80cm，晚秋变紫红色。茎圆柱状，有微条棱；分枝多集中于茎的上部。叶线形，半圆柱状，肉质，1~3cm × 0.1~0.2cm，先端尖或微钝，枝上部的叶较短。花两性或兼有雌性；花簇通常含 3~5 花，腋生，在枝上排列成间断的穗状花序；花被稍肉质，果时稍增厚，有时在基部延伸出三角形或狭翅状突出物。胞果熟后种子露出。花期 8~9 月，果期 9~10 月。

生境与分布 见于慈溪、余姚、镇海、北仑、鄞州、奉化、宁海、象山；生于滨海盐土上，在海滩、堤岸及盐田旁湿地常呈单种群落，有时与碱蓬或南方碱蓬混生。产于省内沿海各地；分布于东北、华北、西北、华东；欧洲、亚洲其他国家也有。

主要用途 幼苗可作蔬菜；种子供食用或作肥皂、油漆、油墨等的原料。

苋科 Amaranthaceae*

183 土牛膝 倒扣草

学名 *Achyranthes aspera* Linn. 属名 牛膝属

形态特征 多年生草本，高 30~100cm。茎四棱形，有柔毛。叶卵形、倒卵状或椭圆状长圆形，4~9cm × 2~7cm，先端圆钝或急尖，基部楔形，两面密生贴伏柔毛。穗状花序顶生或生于茎上部的叶腋，花序轴密生柔毛；花绿色，开放后反折而贴近花序轴；退化雄蕊顶端截状，具流苏状长缘毛。胞果卵形。花期 7~9 月，果期 9~10 月。

生境与分布 见于慈溪、北仑、宁海、象山；生于山坡林缘、路旁、沟边及村庄附近。产于椒江、瑞安、洞头、龙泉；分布于华东、华南、西南及湖南；东南亚及印度等地也有。

主要用途 根入药，有清热解毒、活血通经、祛风止痛的功效，主治感冒发热、扁桃体炎、白喉、月经不调、跌打损伤、毒蛇咬伤等；植株含蜕皮激素。

* 本科宁波有 6 属 21 种 1 变种 3 变型 3 品种，其中栽培 8 种 3 品种，归化 3 种 1 变型；本图鉴收录 5 属 17 种 1 变种 3 变型 3 品种。

184 牛膝 怀牛膝 对节草

学名 ***Achyranthes bidentata*** Bl. 属名 牛膝属

形态特征 多年生草本，高 50~120cm。根圆柱形，土黄色。茎常四棱形，绿色或带紫色，节部膝状膨大。叶卵形、椭圆形或椭圆状披针形，4.5~12cm × 2~7.5cm，先端锐尖至尾尖，基部楔形或宽楔形，两面被贴生或开展的柔毛。穗状花序腋生或顶生，花序轴密生柔毛；花在后期反折；退化雄蕊顶端平圆，稍有缺刻状细齿。胞果长圆形，黄褐色。花期 7~9 月，果期 9~11 月。

生境与分布 见于全市各地；生于山坡疏林下、平原路边及沟旁阴湿处。产于全省各地；除东北及内蒙古、宁夏、新疆外，全国均有分布；东南亚、非洲及朝鲜半岛、俄罗斯、印度也有。

主要用途 根入药，生用，有活血通经等功效，主治产后腹痛、月经不调、闭经等症；熟用，可补肝肾、强腰膝，主治腰膝酸痛、肝肾亏虚、跌打瘀痛等症；兽医用作治牛软脚症、跌打断骨等；根、茎、叶均含蜕皮激素。

附种 1 少毛牛膝 var. ***japonica***，根较细瘦；叶两面仅脉上面具疏柔毛或无毛；退化雄蕊顶端截形，具不整齐牙齿或不显著的 2 浅裂。见于鄞州、奉化、宁海、象山；生于山坡林下或草丛中。

附种 2 红叶牛膝 form. ***rubra***，根淡红色至红色；叶下面紫红色；花序带紫红色。见于余姚、北仑、宁海、象山；生于路边草丛中。

少毛牛膝

红叶牛膝

185 柳叶牛膝 长叶牛膝

学名 ***Achyranthes longifolia*** (Makino) Makino 属名 牛膝属

形态特征 多年生草本，高 40~100cm。茎疏生柔毛，节部稍膨大。叶披针形或宽披针形，7~22cm × 1.5~5.5cm，先端长渐尖，基部楔形，两面疏生短柔毛。穗状花序顶生或腋生，花序轴密生柔毛；花开放后开展或反折；退化雄蕊方形，顶端有不明显牙齿。花果期 8~11 月。

生境与分布 见于余姚、北仑、奉化、宁海；生于阴湿的山坡疏林下、路边草丛中。除湖州、嘉兴的平原地区外，全省各地均产；分布于华中、西南及台湾、广东、陕西；东南亚及日本也有。

附种 **红柳叶牛膝** form. ***rubra***，根淡红色至红色；叶下面紫红色；花序带紫红色。归化植物，原产于四川。余姚有逸生。

红柳叶牛膝

186 锦绣苋 五色草

学名 ***Alternanthera bettzickiana*** (Regel) Nichols.　　属名 莲子草属

形态特征 多年生草本，高 20~50cm。茎基部常匍匐，分枝上部四棱形，下部圆柱形，节部被柔毛。叶长圆形、长圆状倒卵形或匙形，1~6cm×0.5~3cm，先端急尖或圆钝，有凸尖，基部渐狭，边缘皱波状，绿色或暗红色，或部分绿色，杂以红色或黄色斑纹。头状花序顶生及腋生。果实不发育。花期 8~10 月。

地理分布 原产于巴西。鄞州、奉化、宁海、象山及市区有栽培。

主要用途 观赏植物，叶有多种颜色，可布置花坛、种植成各种文字或图案；全草入药，有清热解毒、凉血止血的功效。

187 喜旱莲子草 革命草 空心莲子草 水花生

学名 ***Alternanthera philoxeroides*** (Mart.) Griseb. 属名 莲子草属

形态特征 多年生草本。茎基部匍匐，中空，节腋处具柔毛。叶长圆形、长圆状倒卵形或倒卵状披针形，2.5~5cm × 0.5~2cm，先端急尖或圆钝，基部渐狭，全缘，缘有睫毛。头状花序单生于叶腋，径8~15mm，总花梗长1~5.5cm；花被白色。胞果卵圆形。花期5~8月，果期8~10月。

生境与分布 归化植物，原产于巴西。全市各地有逸生；常生于水沟中、荒地或潮湿地。现江南地区广泛逸生为野生状态，已成为危害性极强的入侵植物。

主要用途 全草可作猪饲料，也可作绿肥；全草入药，有清热利水、凉血解毒的功效。

附种1 **红莲子草** ***A. paronychioides***，叶终年红色。宁波市区及慈溪有栽培。

附种2 **莲子草** ***A. sessilis***，头状花序1~4个簇生于叶腋，径3~6mm；胞果宽倒心形。见于全市各地；生于水沟、路边、田埂等水湿地。

红莲子草

莲子草

188 凹头苋 野苋

学名 ***Amaranthus blitum*** Linn. 属名 苋属

形态特征 一年生草本，高 10~35cm。叶卵形或菱状卵形，1~4.5cm × 1~3cm，先端常具凹缺或微 2 裂，具芒尖，基部宽楔形，全缘或稍呈波状。花簇腋生，直至下部叶腋，生在茎端或枝端者成直立穗状花序或圆锥花序。胞果扁卵形，不裂，超出宿存花被片。种子扁球形，黑色，有光泽。花期 6~8 月，果期 8~10 月。

生境与分布 见于全市各地；生于田野、荒地、菜圃及路边。产于全省各地；除内蒙古、宁夏、青海、西藏外，其他省区均有分布；欧洲、非洲、美洲及日本也有。

主要用途 嫩茎叶可作野菜及饲料；全草入药，有止痛、收敛、利尿、解热等功效。

附种 **紫叶凹头苋** form. ***rubens***，全株暗紫红色。见于余姚；生于村庄路旁。本次调查发现的浙江省分布新记录植物。

紫叶凹头苋

189 大序绿穗苋

学名 ***Amaranthus patulus*** Bertol.　　属名 苋属

形态特征　一年生草本，高 60~150cm。茎具棱，有细柔毛。叶卵形或菱状卵形，4~12cm × 3~7cm，先端急尖或微凹，具凸尖，基部楔形，近全缘。圆锥花序顶生或腋生，通常绿色，顶生者由 30~60 条细而短的穗状花序组成，花序轴密被细柔毛；苞片及小苞片中脉顶端成尖芒状。种子扁球形，凸镜状，黑色，有光泽。花期 7~8 月，果期 9~10 月。

生境与分布　见于慈溪、余姚、奉化；生于荒地或村庄附近。产于杭州及江山、椒江、青田、瑞安、苍南等地；分布于华东；欧洲、北美洲、南美洲及日本也有。

主要用途　嫩茎叶可作野菜及饲料。

附种　绿穗苋 ***A. hybridus***，高 30~50cm，茎单一或稍分枝；叶长 3~4.5cm；顶生圆锥花序简单，由数个穗状花序组成，中间花穗最长。见于慈溪、余姚、北仑、奉化、宁海、象山；生于山麓、路旁及荒地。

绿穗苋

190 刺苋 野刺苋菜 酸酸菜

学名 ***Amaranthus spinosus*** Linn. 属名 苋属

形态特征 一年生草本，高 30~100cm。叶菱状卵形或卵状披针形，3~12cm × 1~6cm，先端钝或稍凹入而有小芒刺，基部渐狭，全缘；叶柄基部两侧有硬刺 1 对。花单性，雄花成腋生穗状花序或在枝顶集成圆锥状，雌花簇生于叶腋或穗状花序的下部；苞片常成尖刺状；花被片黄绿色。种子扁球形，黑色或棕褐色，有光泽。花果期 6~10 月。

生境与分布 见于全市各地; 生于田野、荒地、屋旁，为常见杂草。产于全省各地；分布于华东、华中、华南、西南及陕西、河北；美洲、中南半岛及日本、印度、马来西亚、菲律宾也有。

主要用途 嫩茎叶可作野菜及饲料；全株入药，可治菌痢、急慢性胃肠炎、毒蛇咬伤和痔疮出血等症。

191 苋 苋菜 汉菜

学名 ***Amaranthus tricolor*** Linn. 属名 苋属

形态特征 一年生草本，高 50~150cm。叶卵状椭圆形、菱状卵形或披针形，4~12cm × 2~7cm，绿色、紫红色或绿色杂有紫红色斑纹，先端钝圆或凹，具凸尖，基部楔形，全缘或微波状。花密集成球形花簇，腋生或排成顶生稀疏的穗状花序；苞片及小苞片背面具一绿色或红色隆起中脉，有芒尖。种子近圆形，黑色或黑棕色，有光泽。花期 6~8 月，果期 7~9 月。

生境与分布 原产于印度。全市各地有栽培。

主要用途 嫩茎叶是重要蔬菜，有红苋、绿苋、花色苋等品种；全株含丰富的维生素 C、各种氨基酸及钙；果实和全草入药，有明目、利尿、祛寒热等功效。

192 皱果苋

学名 ***Amaranthus viridis*** Linn.　　属名 苋属

形态特征　一年生草本，高 30~80cm。叶卵形、三角状卵形或卵状椭圆形，3~9cm × 2~6cm，先端微凹或圆钝，具芒尖，基部楔形或近截形，全缘或略呈波状，上面常有“V”形灰白斑纹。花簇小，排成腋生穗状花序或再集成顶生圆锥花序。胞果倒卵圆形，不裂，果皮极皱缩，超出宿存花被片。种子扁球形，具薄而锐的周缘，黑褐色。花期 6~8 月，果期 8~10 月。

生境与分布　见于慈溪、余姚、镇海、北仑、象山；生于荒野、菜地及路边。产于全省各地；广泛分布于全国各地；世界热带至温带地区也有。

主要用途　嫩茎叶可作野菜及饲料；全草入药，有清热解毒、利尿止痛等功效。

193 青葙 野鸡冠花

学名 ***Celosia argentea*** Linn.　　属名 青葙属

形态特征 一年生草本，高 30~100cm。叶披针形至长圆状披针形，5~8cm × 1~3cm，先端急尖或渐尖，基部渐狭成柄，全缘。花多数，密集成顶生的塔形或圆柱形的穗状花序；花初开时淡红色，后变白色。胞果卵形，包在宿存的花被片内。种子扁球形。花期 6~9 月，果期 8~10 月。

生境与分布 见于全市各地；生于田间、山坡、荒地及路边草丛中。产于全省各地；分布于全国各地；亚洲和非洲热带地区也有。

主要用途 种子入药，有清肝明目的功效；全草清热、利湿，可治疥疮；嫩茎叶可作蔬菜、饲料。

194 鸡冠花

学名 ***Celosia cristata*** **Linn.** **属名** 青葙属

形态特征 一年生草本，高 40~90cm。叶卵形、卵状披针形或披针形，6~13cm × 2~6cm，先端渐尖，基部渐狭成柄。穗状花序顶生，呈扁平肉质鸡冠状，有时为卷冠状或羽毛状，一个大花序下部常有数个小分枝；苞片、小苞片和花被片红色、紫色、黄色或杂色，干膜质，宿存。胞果卵形，为宿存的花被片所包被。种子扁球形。花果期 7~10 月。

地理分布 原产于印度。全市各地有栽培；现广布于全世界温暖地区。

主要用途 庭园重要观赏植物，有较多园艺品种；种子和花序可入药，有清热、止血、止泻的功效，主治痔疮出血、白带、赤痢等。

附种 1 火炬鸡冠花 ‘Century Red’，花序形似火炬。全市各地有栽培。

附种 2 凤尾鸡冠花 ‘Pyramidalis’，花序形似凤尾。全市各地有栽培。

火炬鸡冠花

凤尾鸡冠花

195 银花苋

学名 ***Gomphrena celosioides*** Mart. 属名 千日红属

形态特征 一年生直立或披散草本，高约35cm。茎被白色长柔毛。叶对生；叶长椭圆形至近匙形，3~5cm × 1~1.5cm，先端急尖或钝，基部渐狭，下面被柔毛；叶柄几无。头状花序顶生，初呈球形，后呈长圆形，长2cm以上；总花梗几无；苞片阔三角形，银白色；小苞片三角状披针形，白色，具1至数个小锯齿或近全缘；萼片披针形，外面被白色长柔毛。胞果圆梨形，果皮薄膜质。花果期4~11月。

生境与分布 归化植物，原产于美洲热带。象山有逸生；生于路旁草地。我国华南地区有归化；世界各热带地区均有。本次调查发现的浙江省归化新记录植物。

196 千日红 烫烫红

学名 ***Gomphrena globosa*** Linn.　　属名 千日红属

形态特征 一年生草本，高 30~70cm。茎被灰色糙毛。叶长椭圆形或长圆状倒卵形，3.5~13cm × 1.5~5cm，先端急尖或圆钝，基部渐狭，全缘，两面均被白色长柔毛及缘毛。头状花序球形或长圆形，1~3 个顶生，径 2~2.5cm，基部具 2 枚绿色、对生的叶状总苞片；小苞片三角状披针形，紫红色；花被片背面密生白色绒毛。胞果近球形。种子肾形。花果期 7~10 月。

地理分布 原产于美洲热带。全市各地有栽培。全省各地常见栽培。

主要用途 重要的花坛花卉，花序色彩经久不变，除作花坛和盆栽外，还可作花环、花篮等装饰品；花序入药，可治支气管哮喘、支气管炎、百日咳、肺结核咯血等症。

附种 **千日白** ‘Alba’，苞片白色。北仑、鄞州、宁海、象山有栽培。

千日白

中文名索引

E

F

G

H

J

K

L

W

X

Y

拉丁名索引

D

Q

R

S